minerais comuns
e de importância econômica
um manual fácil

Sebastião de Oliveira Menezes

inclui chave para o reconhecimento de minerais

© Copyright 2012 Oficina de Textos
1ª reimpressão 2017 | 2ª reimpressão 2024
Grafia atualizada conforme o Acordo Ortográfico da Língua
Portuguesa de 1990, em vigor no Brasil desde 2009.

Conselho editorial Arthur Pinto Chaves; Cylon Gonçalves da Silva;
Doris C. C. K. Kowaltowski; José Galizia Tundisi;
Luis Enrique Sánchez; Paulo Helene;
Rozely Ferreira dos Santos; Teresa Gallotti Florenzano

Figuras Jerônimo Vicente Figueira Menezes
Preparação de textos Gerson Silva
Projeto gráfico, capa e diagramação Douglas da Rocha Yoshida
Revisão de textos Felipe Navarro Bio de Toledo
Impressão e acabamento Forma certa

Dados Internacionais de Catalogação na Publicação (CIP)
(Câmara Brasileira do Livro, SP, Brasil)

Menezes, Sebastião de Oliveira
    Minerais comuns e de importância econômica : um
manual fácil / Sebastião de Oliveira Menezes. --
2. ed. -- São Paulo : Oficina de Textos, 2012.

    Bibliografia
    ISBN 978-85-7975-050-2

    1. Metais 2. Minas e recursos minerais
3. Mineralogia - Estudo e ensino I. Título.

12-03288   CDD-549.07

Índices para catálogo sistemático:
1. Mineralogia : Estudo e ensino 549.07

Todos os direitos reservados à Oficina de Textos
Rua Cubatão, 798
CEP 04013-003 – São Paulo – Brasil
Fone (11) 3085 7933
www.ofitexto.com.br   e-mail: atend@ofitexto.com.br

Prefácio

Uma das razões da mistificação que obscurece a Geologia é o vocabulário que emprega. Nem mesmo as palavras comuns e normais – como mineral e minério ou mármore e granito – são usadas pelos geólogos exatamente do modo como são utilizadas nas conversas de todos os dias. Além disso, em seu linguajar técnico, os geólogos muitas vezes abusam no uso de termos técnicos e intimidadores, como fenocristal, xenólito, diastrofismo, charnoquito etc.

Seria bom se pudéssemos expurgar esse jargão da Geologia, mas isso equivaleria a pedir aos profissionais de outras áreas de conhecimento (economistas, médicos, engenheiros, advogados etc.) que nos falassem em linguagem comum.

A Geologia, como outros ramos do conhecimento, desenvolveu seu linguajar próprio, e a Mineralogia e a Cristalografia são partes dessa linguagem. Como ciência, a Mineralogia versa sobre o estudo dos minerais que, isoladamente ou formando rochas, constituem a crosta da Terra. A Cristalografia, por sua vez, trata da estrutura, da forma e dos processos de formação dos cristais e das substâncias cristalinas, e os minerais são corpos de natureza inorgânica, naturais, desse processo.

A elaboração desta obra tem por finalidade despertar, naqueles que se iniciam no estudo da Geologia, o interesse pelos fundamentos da Mineralogia e da Cristalografia.

Nenhuma especialização pode ser alcançada desconsiderando-se o estudo dos minerais como parte integrante da crosta terrestre, uma vez que a estabilidade e o progresso organizado da civilização sempre estiveram ligados aos recursos minerais da Terra.

Sumário

Introdução 7

1 A natureza dos minerais 10
1.1 O que é um mineral? 10
1.2 Composição química dos minerais 11
1.3 Cristais: formação e estrutura 15

2 Propriedades físicas dos minerais 22
2.1 Propriedades ópticas 22
2.2 Dureza e tenacidade 24
2.3 Clivagem, fratura e partição 26
2.4 Densidade 28
2.5 Forma cristalina e hábito 29
2.6 Outras propriedades dos minerais 30

3 Classificação dos minerais 32
3.1 Classificação química dos minerais 32
3.2 Minerais formadores de rochas e minerais de minérios 45

4 Recursos minerais 67
4.1 Depósitos minerais 67
4.2 Recursos minerais metálicos 68
4.3 Recursos minerais industriais ou não metálicos ... 79

5 Chave para o reconhecimento de minerais comuns 87
5.1 Que mineral é este? 87
5.2 Guia de consulta à chave 89

5.3 Grupo 1: minerais de brilho não metálico 91
5.4 Grupo 2: minerais de brilho metálico 105
5.5 Minerais constantes na chave 110

Glossário 115

Índice remissivo 124

Bibliografia 128

Introdução

Este livro apresenta, em linguagem simples, um roteiro sobre o estudo dos minerais, objeto de estudo da Mineralogia. Explana as linhas gerais em que se baseia o estudo dos minerais e fornece uma chave para o reconhecimento de minerais comuns. Aborda, também, a utilização de minerais como recursos naturais e comenta sobre reservas e produção desses recursos no Brasil.

Ele foi escrito para atender estudantes que possuem no currículo disciplinas relacionadas com o meio físico, uma vez que, ao se iniciar o estudo da ciência da Terra (Geologia), torna-se necessário conhecer mais de perto as rochas, unidades básicas da crosta terrestre, constituídas de associações de minerais.

Como as rochas são formadas pela associação de minerais, é preciso conhecer as propriedades e as características físicas inerentes a cada um dos minerais que entram na sua composição. As relações entre rocha, mineral e elementos químicos estão mostradas na Fig. I.1.

As propriedades ou características pelas quais um mineral pode ser reconhecido ou identificado são numerosas, variando de simples e óbvias em uns, tais como a cor, àquelas que só podem ser detectadas por equipamentos especiais. Esses métodos de identificação são sofisticados e incluem o exame de minerais por difração de raios X, por meio da técnica

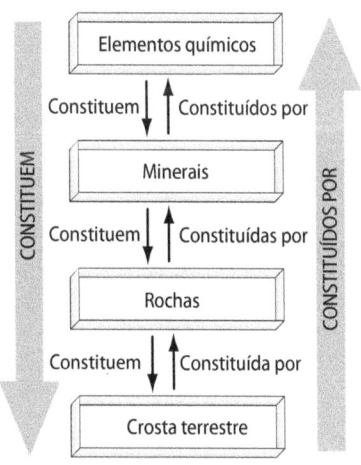

Fig. I.1 Relação entre rocha, mineral e elementos químicos. Num sentido, caminha-se para o infinitamente pequeno; no outro, para o infinitamente grande. Os minerais são as unidades que podemos observar, com facilidade, na amplitude do nosso campo visual

do diagrama do pó de Debye-Scherrer e a difratometria (Fig. I.2). São estudos que fazem parte da especialidade da Cristalografia chamada Radiocristalografia. Outra técnica utilizada consiste na análise do mineral por fluorescência aos raios X. Esse método é usado na dosagem dos elementos constituintes essenciais dos minerais. A microssonda eletrônica, por sua vez, é um método de análise química pontual que se adapta perfeitamente ao estudo dos minerais de pequenas dimensões. Também se podem analisar os minerais por espectrografia de emissão do visível e do ultravioleta. As determinações especiais, como as citadas, não são objeto desta obra.

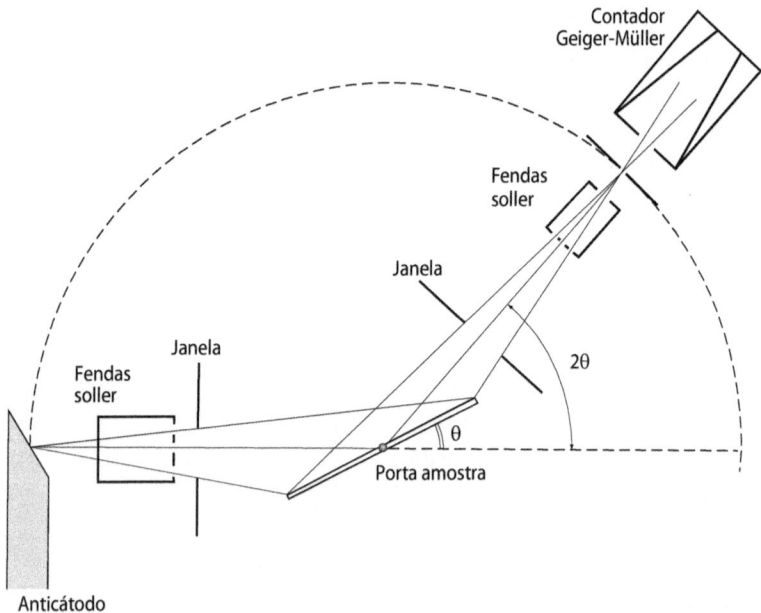

Fig. I.2 Esquema do princípio de funcionamento de um difratômetro de raios X. A radiação X emitida por um anticátodo é definida por um sistema de fendas (fendas soller) e de janelas dispostas antes e depois da amostra. A amostra é uma camada de pó de mineral colocada sobre uma lâmina de vidro que gira uniformemente em torno de um eixo situado no seu plano. O contador gira em torno do mesmo eixo duas vezes mais rápido. Para um ângulo de incidência θ, o ângulo medido pela deslocação do contador será, então, 2θ. O registro realizado é a curva de intensidade dos raios X difratados em função do ângulo de rotação

No reconhecimento de um mineral, as propriedades e as características físicas comuns são prontamente reconhecíveis. Não se necessita de laboratório com equipamentos sofisticados, embora as tabelas que dão ênfase aos ensaios químicos sejam muito mais satisfatórias e completas. O Cap. 5 deste livro oferece uma chave para o reconhecimento de minerais comuns, cujo auxílio, na maioria das vezes, permitirá que você responda à questão: "Que mineral é este?".

 # A natureza dos minerais

1.1 O que é um mineral?

Uma substância mineral é um sólido que ocorre naturalmente, formado por meio de processos geológicos. Uma espécie mineral é uma substância mineral com composição química e propriedades físicas bem definidas, que recebe um nome mineralógico único. Dessa forma, uma espécie mineral – ou seja, um mineral – pode ser definida com base em sua composição química e suas propriedades cristalográficas.

Podemos dizer, então, que um mineral é um corpo sólido, constituído por um elemento ou composto químico, de ocorrência natural e formado como um produto de processos inorgânicos.

A água (gelo, no estado sólido) e o mercúrio são dois minerais encontrados no estado líquido em condições normais de temperatura e pressão.

As substâncias formadas por intervenção humana (substâncias antropogênicas) não são consideradas minerais, e as substâncias produzidas por processos biológicos (substâncias biogênicas) podem ou não ser consideradas minerais. Somente algumas substâncias biogênicas que existem como minerais formados por processos geológicos são consideradas minerais válidos, como a aragonita e a calcita da concha de moluscos, a hidroxilapatita em dentes etc.

Em geral, as diferentes espécies minerais apresentam-se sob a forma de poliedros limitados por faces planas, conhecidos pelo nome de cristais. Os corpos que os constituem estão no estado cristalino da matéria, caracterizado por uma estrutura regular e periódica, expressa pela homogeneidade, isto é, pelo comportamento físico e químico idêntico de partes isorientadas, e pela anisotropia, ou seja, pela dependência que certas propriedades têm com relação à direção cristalográfica. Todas as substâncias que possuem uma estrutura atômica ordenada e regular são chamadas de substâncias cristalinas.

Por oposição ao estado cristalino, define-se um estado amorfo (não cristalino), que é aquele apresentado pelas substâncias sem estrutura interna ordenada. Algumas substâncias geologicamente derivadas, como géis, vidro vulcânico (obsidiana), âmbar, carvões e betumes, são não cristalinas. Elas podem ser divididas em duas categorias: as amorfas propriamente ditas, ou seja, as que nunca foram cristalinas e não difratam; e as metamíticas, que são as substâncias que alguma vez foram cristalinas, mas cuja cristalinidade foi destruída por radiação ionizante. O termo mineraloide tem sido aplicado às substâncias amorfas de ocorrência natural.

Em resumo, substâncias amorfas são não cristalinas e, portanto, não satisfazem às exigências normais para espécies minerais. Por outro lado, o termo cristalino significa, então, ordenamento atômico em uma escala que pode traduzir uma ordem regular de manchas de difração quando a substância é atravessada por onda de comprimento satisfatório, seja de raios X, elétrons, nêutrons etc.

Um mineral – ou associação de minerais – que pode, sob condições favoráveis, ser trabalhado comercialmente para extração de um ou mais metais é um minério desse metal.

Existem apenas 92 elementos químicos estáveis, os quais podem, isoladamente, constituir um mineral ou, como ocorre mais comumente, associar-se com outro(s) e formar minerais. Esses 92 elementos não se encontram distribuídos homogeneamente. Assim, de cada cem átomos na crosta terrestre, mais de 60 são de oxigênio; acima de 20, de silício; de seis a sete, de alumínio; uns dois são átomos de um dos seguintes elementos: ferro, cálcio, magnésio, potássio e sódio. Todos os outros elementos são volumetricamente insignificantes na arquitetura da crosta terrestre, com possível exceção do titânio.

1.2 Composição química dos minerais

Um mineral é constituído por um elemento ou composto químico formado por dois ou mais elementos. Temos, então:
a) Mineral constituído por somente um dos 92 elementos que ocorrem naturalmente, que podem ser:
   ◊ um metal: cobre, ouro, ferro etc.;
   ◊ um não metal: carbono, que é achado como grafita e diamante.
b) Mineral constituído por dois ou mais elementos unidos em um composto, como, por exemplo, o quartzo, que é o dióxido de silício, SiO_2.

A fórmula química de um composto expressa a sua composição por meio de uma notação simplificada, na qual cada elemento é representado por um símbolo (abreviação do nome do elemento em português ou em latim) e por números que indicam a proporção em que cada elemento está presente. Então, a fórmula SiO_2 significa que o quartzo consiste de uma composição de silício e de oxigênio na proporção de 1:2.

Um átomo é um sistema miniatura (Fig. 1.1), em muitos aspectos semelhante ao sistema solar, com partículas carregadas negativamente, chamadas elétrons, movendo-se muito rapidamente em torno de um núcleo, que, por sua vez, contém prótons, carregados positivamente, e nêutrons, sem cargas, assim como várias outras partículas, que não são mencionadas aqui.

O número atômico de um elemento é o número de prótons do núcleo (um átomo de oxigênio tem oito prótons; seu número atômico é 8). A soma dos pesos dos prótons e dos nêutrons no núcleo dá o peso atômico do elemento. O carbono comum é o padrão, com peso atômico 12.

Quando um átomo perde ou ganha elétrons e torna-se eletricamente desequilibrado, de modo que carrega uma carga positiva ou negativa, é

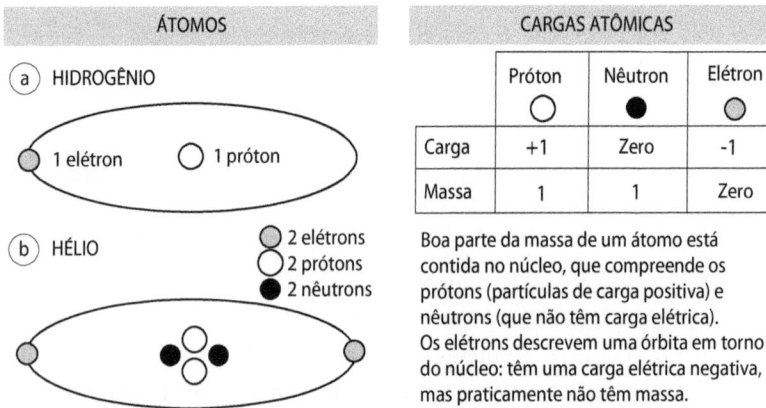

Fig. 1.1 Modelos de átomos simples, mostrando prótons (em branco), nêutrons (em preto) e elétrons (em cinza). O modelo mais simples é do átomo de hidrogênio (a). Ele não tem nêutron e possui somente um próton e um elétron. O átomo de hélio (b), apenas um pouco mais complexo, tem todas as três partículas. As partículas subatômicas são as mesmas em todos os átomos, mas variam em número e arranjo. As propriedades dos átomos de elementos diferentes são determinadas pelo número de prótons no núcleo. Um elemento (químico) é uma substância na qual todos os átomos têm a mesma carga positiva no núcleo

chamado de íon; íons positivos e negativos, atraindo-se uns aos outros e unindo-se, tornam-se matéria sólida. Muitos minerais são compostos desses íons espalhados por toda a estrutura para formar um retículo cristalino, ou retículo espacial.

Resultados de investigações científicas sobre a composição química da Terra indicam que mais de 90% dela constitui-se de quatro elementos químicos: ferro (35%), oxigênio (28%), magnésio (17%) e silício (13%). Os outros elementos que ocorrem em quantidades maiores que 0,1% são: níquel (2,7%), enxofre (2,7%), cálcio (0,61%) e alumínio (0,44%). Os seguintes elementos ocorrem em quantidades entre 0,01% e 0,2%, do mais frequente para o menos abundante: cobalto (0,2%), sódio (0,14%), manganês (0,09%), potássio (0,07%), titânio (0,04%), fósforo (0,03%) e cromo (0,01%). Dessa forma, a Terra é composta quase inteiramente de 15 elementos, e as percentagens de todos os outros são desprezíveis (provavelmente 0,1% ou menos do total). Esses dados constam da Tab. 1.1.

Na Tab. 1.2 são apresentados os dados relativos à composição química das rochas da crosta terrestre, de onde provêm todos os recursos minerais que nós usamos. Nessa tabela observa-se que nove elementos químicos compõem 99% do total dos elementos encontrados na crosta terrestre, a saber: oxigênio (46,6%), silício (27,72%), alumínio (8,13%), ferro (5%), cálcio (3,63%), sódio (2,83%), potássio (2,59%), magnésio (2,09%) e titânio (0,44%). Destes, o oxigênio é absolutamente dominante.

A crosta da Terra consiste quase inteiramente de compostos

Tab. 1.1 COMPOSIÇÃO QUÍMICA DA TERRA: PERCENTAGEM MÉDIA DOS PRINCIPAIS ELEMENTOS QUÍMICOS MAIS ABUNDANTES NA TERRA

Elemento	Nº atômico	% na Terra
Ferro	26	35
Oxigênio	8	28
Magnésio	12	17
Silício	14	13
Níquel	28	2,7
Enxofre	16	2,7
Cálcio	20	0,61
Alumínio	13	0,44
Cobalto	20	0,2
Sódio	11	0,14
Manganês	25	0,09
Potássio	19	0,07
Titânio	22	0,04
Fósforo	15	0,03
Cromo	24	0,01

Fonte: Mason (1958).

de oxigênio, como silicatos de alumínio, de cálcio, de magnésio, de sódio, de potássio e de ferro. Em termos numéricos, o oxigênio representa mais de 60% do total. Assim, a crosta terrestre é essencialmente um pacote de ânions oxigênios ligados por sílica e íons de metais comuns.

Os demais elementos correspondem a cerca de 1% do total da crosta terrestre, e os mais abundantes são: hidrogênio (0,14%), fósforo (0,12%), manganês (0,1%), flúor (0,07%), enxofre (0,05%), estrôncio (0,04%), bário (0,04%), carbono (0,03%), cloro (0,02%) e cromo (0,02%). Todos os outros somam cerca de 0,5%.

Tab. 1.2 COMPOSIÇÃO QUÍMICA DAS ROCHAS DA CROSTA TERRESTRE: PERCENTAGEM MÉDIA DOS ELEMENTOS QUÍMICOS MAIS ABUNDANTES

Elemento	Nº atômico	Peso atômico	% na crosta
Oxigênio	8	16	46,6
Silício	14	28,09	27,72
Alumínio	13	26,98	8,13
Ferro	26	55,85	5
Cálcio	20	40,08	3,63
Sódio	11	22,99	2,83
Potássio	19	39,1	2,59
Magnésio	12	24,32	2,09
Titânio	22	47,9	0,44
Hidrogênio	1	1	0,14
Fósforo	15	30,97	0,12
Manganês	25	54,94	0,1
Flúor	9	19	0,07
Enxofre	16	32,07	0,05
Estrôncio	38	87,63	0,04
Bário	56	137,36	0,04
Carbono	6	12,01	0,03
Cloro	17	35,48	0,02
Cromo	24	52,01	0,02

Fonte: Mason (1958).

1.3 Cristais: formação e estrutura

Um cristal é um sólido composto de átomos, de íons ou de moléculas, arranjados com disposição repetida e ordenada.

Os cristais formam-se nas fases de transformação, isto é, quando uma substância muda de um estado físico para outro. A formação de matéria cristalina ocorre sob as seguintes condições:

a) uma mudança da fase líquida para a fase sólida – a cristalização ocorre por uma fusão ou uma solução;

b) uma mudança da fase gasosa para a fase sólida – a cristalização ocorre por sublimação;

c) uma mudança da fase sólida para outra, acompanhada por alteração da forma da estrutura cristalina – esse fenômeno é chamado de recristalização.

Esses três casos de formação de matéria cristalina não são igualmente distribuídos; o caso (a) é observado mais frequentemente que os outros dois.

O tamanho e a perfeição dos cristais dependem muito da velocidade com que eles são formados. Quanto mais lenta a cristalização, tanto mais perfeito o cristal, porque os átomos ou moléculas têm mais tempo para encontrar suas posições próprias na rede do cristal.

Os aspectos externos particulares dos corpos cristalinos ou amorfos traduzem um arranjo interno igualmente particular das moléculas que os constituem. A estrutura particular dos cristais manifesta-se pela homogeneidade e pela anisotropia descontínua. Surgiram, então, as noções de distribuição em fila de pontos materiais ordenados no espaço (formando planos reticulares), de distribuição bidimensional dos planos reticulares e de rede tridimensional ou conjunto reticular.

Consideremos os pontos O e A da Fig. 1.2, separados por uma distância a, denominada parâmetro. Ao prolongarmos a reta que une esses pontos O e A, teremos uma fileira de pontos homólogos A, A', A'', A''', ..., separados por um parâmetro constante a. Partindo de A em outra direção, teremos outra fileira, B, B', B'', B''', ..., com parâmetro também constante b. Ainda numa terceira direção, C, C', C'', C''', ..., outra fileira de parâmetro c. Cada um desses três planos constitui um plano reticular, constituído por malhas OA, OB, quadradas ou paralelográmicas, em cujos nós estão as partículas sólidas. As faces dos cristais

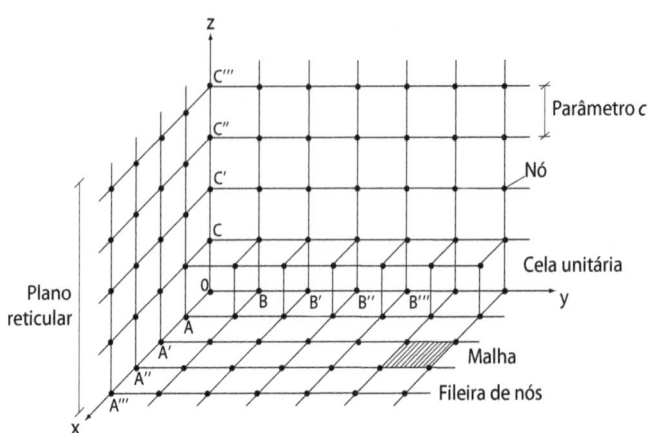

Fig. 1.2 Teoria reticular. A ilustração está mostrando uma distribuição triperiódica de pontos (nós) e os demais elementos de um retículo cristalino, ou seja, o arranjo estrutural tridimensional interno dos cristais. A estrutura interna dos cristais é dada pela repetição periódica, no espaço tridimensional, de uma unidade fundamental constituída por um arranjo de átomos ou íons que se denomina cela unitária, a qual tem as propriedades físico-químicas do mineral completo

representam planos reticulares. A estrutura ordenada dos retículos dos cristais, entretanto, nem sempre é refletida pela presença, no cristal, de uma forma cristalina distinta.

São relativamente raros os cristais típicos, reconhecíveis exteriormente. O encontro desses planos reticulares divide o espaço em paralelepípedos elementares ou fundamentais, denominados celas unitárias. Pela repetição dessas unidades tridimensionais muito pequenas constrói-se o retículo espacial ou retículo cristalino. Ainda que estejam relacionados, o retículo não deveria ser confundido com a estrutura do cristal. O retículo é uma disposição de nós, esfericamente simétricos e não dimensionados, ao passo que a estrutura do cristal representa o arranjo de átomos, de íons ou das moléculas no espaço.

Os cristais são formados por um certo número de átomos ou grupo de átomos dispostos numa ordem tridimensional, que se repete igualmente em toda a massa cristalina. A cela unitária é a menor porção do cristal que contém o número completo de átomos que mostra a sua estrutura. Entretanto, o número de átomos da cela unitária não é necessariamente igual ao número de átomos que representa a fórmula química do mineral. As celas unitárias de todas as redes tridimensionais são semelhantes, uma vez que todas têm oito vértices, conforme mostrado na Fig. 1.3. As celas unitárias diferem nos comprimentos de suas arestas (a, b e c) e nos ângulos opostos a estas (α, β e γ).

Para cada substância existe um conjunto reticular próprio. A cela unitária pode ser um cubo, um prisma etc., e nos vértices estão as partí-

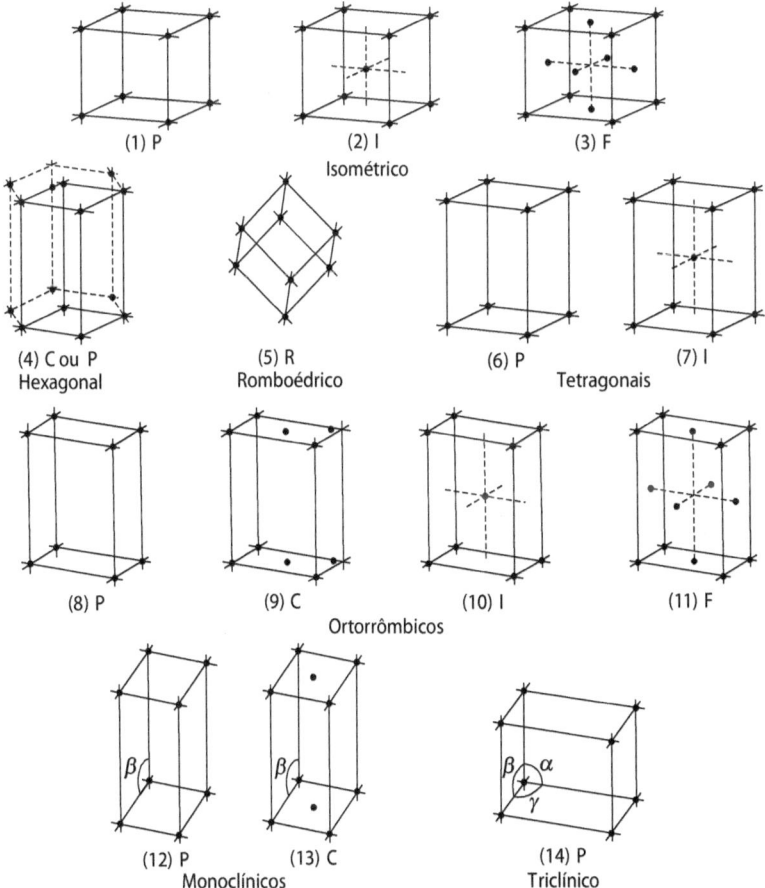

Fig. 1.3 Retículos espaciais de Bravais. Os retículos que possuem pontos somente nos vértices são chamados primitivos (P ou R); os demais são múltiplos. Eles possuem pontos adicionais no centro da cela (I), no centro de todas as faces (F) e no centro de duas faces opostas (C)

culas, que podem ser átomos, moléculas ou íons. São possíveis 14 tipos diferentes de celas unitárias, conhecidas como retículos espaciais de Bravais. Eles indicam proporções das celas, e não arranjos atômicos, conforme ilustra a Fig. 1.3.

Estudos modernos a respeito da matéria cristalina tornaram-se possíveis com o emprego de novos métodos, principalmente pela utilização da difração dos raios X produzida pelos cristais.

Sob condições favoráveis, muitos minerais cristalinos crescem como cristais, que são corpos sólidos com superfície plana polida, chamadas faces, orientadas de acordo com a estrutura interna. Todas as faces semelhantes em um cristal constituem uma forma. Os cristais ocorrem em grande variedade de formas, e o conhecimento dessas formas é usado na identificação de minerais.

Do mesmo modo, um número de pontos, todos com uma determinada simetria de grupo de pontos, compreende cada uma das 32 classes de simetria, que podem ser arranjadas em sistemas cristalinos. Assim, os cristais são classificados em seis divisões principais, chamadas sistemas cristalinos, que são baseados no número, na posição e no comprimento relativo dos eixos dos cristais. O eixo de uma figura geométrica tridimensional é uma linha imaginária que passa pelo centro da figura.

A simetria interna da matéria cristalina traduz-se na relação constante que conservam entre si os elementos reais do cristal, ficando a posição de uma face qualquer determinada pelos ângulos que forma com outras que se tomam como planos de referência.

Se na estrutura reticular da halita (cloreto de sódio), ilustrada na Fig. 1.4, considerarmos o ponto O como origem das coordenadas, as retas OA, OB e OC serão os três eixos de um sistema de coordenadas e formarão entre si três ângulos, que são as constantes angulares do cristal. A esses eixos denominamos eixos cristalográficos.

O plano ABC, paralelo a uma face do octaedro, corta os três eixos às distâncias fixas a, b e c, que, nesse caso, são iguais. A relação existente entre esses três parâmetros, a:b:c, denomina-se relação paramétrica, que, com os ângulos formados, constitui as constantes cristalográficas do cristal. Com base nessas relações paramétricas e angulares, as 32 classes de cristais podem ser organizadas em seis sistemas cristalinos (Quadro 1.1).

1 A natureza dos minerais

Os cristais dos seis sistemas podem ocorrer como grupos irregulares ou como cristais geminados. Os cristais geminados resultam do intercrescimento de dois ou mais cristais de uma substância particular de acordo com alguma lei definida. Geminados são, então, grupos de dois ou mais cristais unidos por um mesmo ângulo específico. A Fig. 1.5 mostra alguns geminados típicos em cada um dos seis sistemas cristalinos. Os cristais geminados ou maclados podem ser geminados de contato ou de penetração. Os geminados de contato têm uma superfície de composição definida separando os dois indivíduos e a lei de geminação é definida por um plano de geminação. Os geminados de penetração são constituídos por indivíduos que se interpenetram tendo uma superfície de composição irregular e a lei de geminação é definida por um eixo de geminado.

Em alguns casos, os cristais de um mineral mudam em outro da mesma composição química, por um rearranjo de átomos que se verifica no estado sólido. Quando isso ocorre, a forma externa do cristal não muda. Nesses casos,

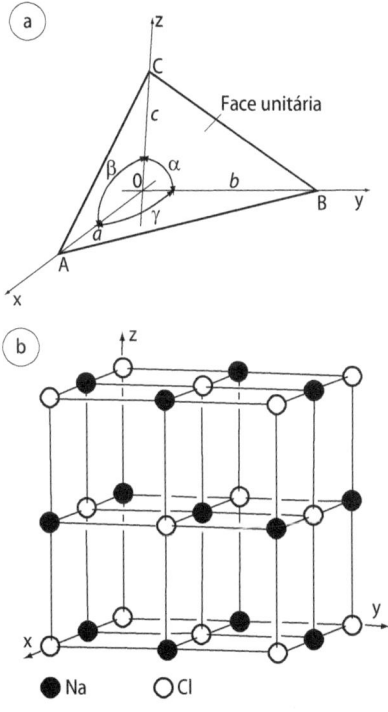

Fig. 1.4 Notação cristalográfica. Os eixos cristalográficos são linhas imaginárias que passam pelo centro do cristal ideal e são usadas como eixos de referência. As posições dos eixos cristalográficos são mais ou menos fixadas pela simetria dos cristais. (a) As relações entre os eixos (x, y e z) e os ângulos ($\alpha=\beta=\gamma$) definem os sistemas cristalinos; (b) estrutura reticular mostrando a cela unitária cúbica da halita (NaCl), na qual cada sódio está rodeado por seis átomos de cloro e, da mesma forma, cada cloro está rodeado por seis átomos de sódio

diz-se que os minerais são polimorfos. Um exemplo é o mineral ortorrômbico aragonita – $CaCO_3$ –, que muda, de preferência, para uma forma hexagonal de carbonato de cálcio, chamada calcita.

Quadro 1.1 Sistemas cristalinos

Sistema cristalino	Constantes cristalográficas	Poliedro fundamental	Simetria característica
Cúbico (isométrico)	$a = b = c$ $\alpha = \beta = \gamma = 90°$	Cubo	4 eixos de ordem 3
Tetragonal	$a = b \neq c$ $\alpha = \beta = \gamma = 90°$	Prisma reto de base quadrada	1 eixo de ordem 4
Hexagonal	$a = b \neq c$ $\alpha = \beta = 90°$ $\gamma = 120°$	Prisma reto de base hexagonal	1 eixo de ordem 6
Ortorrômbico	$a \neq b \neq c$ $\alpha = \beta = \gamma = 90°$	Prisma reto de base rômbica	3 eixos de ordem 2
Monoclínico	$a \neq b \neq c$ $\alpha = \beta = 90°$ $\beta \neq 90°$	Prisma oblíquo de base rômbica	1 eixo de ordem 2
Triclínico	$a \neq b \neq c$ $\alpha \neq \beta \neq \gamma \neq 90°$	Paralelepípedo qualquer	1 centro de simetria

Definidos pelas constantes cristalográficas (dadas pelas relações paramétricas e constantes angulares), formas simples (poliedros fundamentais) e simetria característica de cada um dos seis sistemas cristalinos.

O sistema cúbico é chamado de monométrico ($a = b = c$ ou $a = a = a$); os sistemas tetragonal e hexagonal são dimétricos ($a = b \neq c$ ou $a = a \neq c$); os demais (ortorrômbico, monoclínico e triclínico) são trimétricos ($a \neq b \neq c$).

Um cristal de um mineral pode também ser alterado quimicamente em outro, por perda ou adição de certos elementos. Nesse caso, a forma externa original também é mantida. Os minerais são chamados, então, de pseudomorfos. Um bom exemplo é a pirita – FeS_2 –, que, quando intemperizada, pode perder o enxofre e ganhar oxigênio e água, sendo, desse modo, convertida em um óxido de ferro hidratado, chamado limonita ou goethita, frequentemente encontrado na forma do cristal pirita. Outro exemplo é a leucita (Fig. 1.6).

Quando vários minerais possuem uma composição diferente mas uma estrutura cristalina de mesma natureza, fala-se em isomorfismo. Um bom exemplo são os plagioclásios, cuja composição varia da albita – $NaAlSi_3O_8$ – até a anortita – $CaAl_2Si_2O_8$.

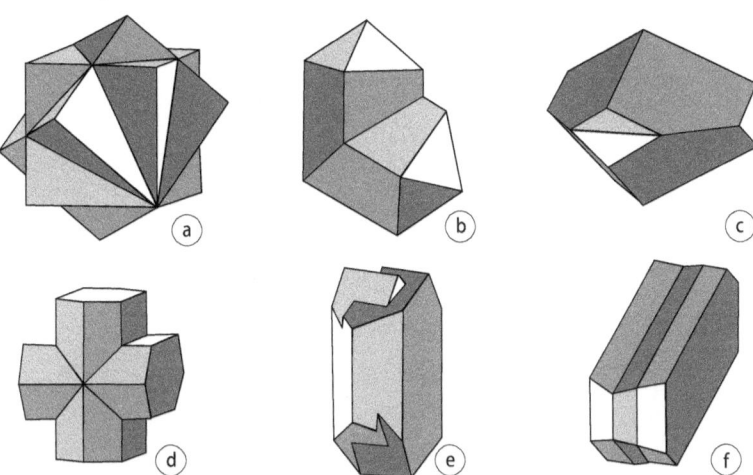

Fig. 1.5 Cristais geminados típicos, de penetração e de contato: (a) geminado de penetração da fluorita – sistema cúbico; os dois cubos mostram eixos de simetria ternária como eixo do geminado; (b) geminado de contato do zircão – sistema tetragonal; o plano do geminado é um plano paralelo a uma face da bipirâmide; (c) geminado de contato da calcita – sistema hexagonal-R; o plano do geminado pode ser paralelo ao pinacoide basal, tendo o eixo cristalográfico c como eixo do geminado; (d) geminado de penetração da estaurolita – sistema ortorrômbico; o plano do geminado é um plano paralelo a uma face de prisma; (e) geminado de penetração do ortoclásio – sistema monoclínico; nesse tipo, o eixo cristalográfico c é um eixo do geminado e os indivíduos estão unidos sobre uma superfície mais ou menos paralela; (f) geminado de contato da albita – sistema triclínico; tipo de geminado segundo a lei da albita, em que o pinacoide lateral é o plano do geminado. Na figura, os cristais geminados (c) e (e) foram desenhados com o eixo cristalográfico c na perpendicular

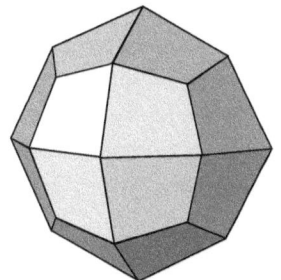

Fig. 1.6 Pseudomorfo de pseudoleucita. No município de Rio das Ostras (RJ), cristais de leucita foram alterados quimicamente, sem alteração da forma externa, formando pseudoleucitas. Estas, submetidas à ação da água subterrânea e das chuvas, mudaram novamente sua composição química, dando origem aos pseudomorfos de pseudoleucitas, cuja composição varia entre óxidos de alumínio e argilas Fonte: Cassedanne e Menezes (1989).

Propriedades físicas dos minerais

2.1 Propriedades ópticas

Algumas propriedades e/ou características físicas usadas no reconhecimento de minerais comuns são dependentes da luz. Elas incluem o brilho, a cor, a diafaneidade e a cor do traço ou risco do mineral sobre uma placa de porcelana.

2.1.1 Brilho

Ao aspecto apresentado pela superfície recente de um mineral sob luz refletida denomina-se brilho. Ele traduz a capacidade de reflexão da luz incidente sobre o mineral. Assim, o brilho de um mineral é diretamente dependente da luz refletida em sua superfície, ou absorvida e refratada nos seus planos internos.

O brilho é uma das propriedades mais regulares e facilmente observáveis de um mineral. Entretanto, para distinguir os diferentes tipos de brilho, é necessário alguma prática. Um mineral que se assemelha a um metal é dito ser de brilho metálico, que ocorre apenas nos minerais opacos (não transparentes); os demais são de brilho não metálico. Minerais de brilho não metálico são transparentes e translúcidos, na sua grande maioria. Eles podem ser descritos por adjetivos como: vítreo (com o brilho do vidro); resinoso (com o brilho da resina); sedoso (com o brilho da seda); gorduroso (com o brilho da gordura); graxo (com o brilho da graxa, do óleo); nacarado (com o brilho do nácar, isto é, semelhante ao brilho do interior das conchas de moluscos); perláceo (com o brilho da pérola); adamantino (com o brilho do diamante); micáceo (com o brilho da mica); ceráceo (semelhante à cera, no aspecto); píceo (com o brilho do piche ou do betume); fosco (sem brilho) e terroso ou baço (não brilhante).

2.1.2 Cor

A cor de um mineral é determinada pelo exame de uma superfície recente em luz refletida. Trata-se de uma das características mais evidentes dos minerais, mas nem sempre é um guia seguro na sua identificação.

2 Propriedades físicas dos minerais

As causas da coloração de minerais não são completamente conhecidas; ela é determinada por uma combinação de vários fatores. A cor de um mineral pode depender da sua composição química. Por exemplo, muitos compostos de cobre são coloridos de verde ou azul com várias tonalidades. A cor verde da esmeralda é característica de minerais que contêm cromo. Muitos compostos de manganês possuem uma cor violeta ou rósea. Cobre, ferro, cromo, manganês, cobalto, níquel e alguns outros elementos podem formar compostos coloridos e são conhecidos como cromóforos. Há também outras causas de coloração de minerais, como as alterações estruturais em decorrência de radioatividade, a presença de impurezas e variações na composição química.

Os minerais que apresentam uma cor própria, definida e constante são chamados de idiocromáticos. Essa cor guarda estreitos laços com a composição química básica do mineral que lhe deu origem. São exemplos de minerais idiocromáticos a calcopirita (amarelo-latão), a malaquita (verde), a azurita (azul), a galena (cinza-chumbo) e a magnetita (preta).

Aqueles minerais cuja cor é variável em consequência de variações de composição química, da presença de impurezas ou de defeitos estruturais são chamados de alocromáticos. Eles podem ser estereocromáticos se as alterações de cores estiverem relacionadas com a estrutura do retículo do mineral; energocromáticos se as mudanças de cores estiverem relacionadas a variações nos estados de energia dos átomos causadas por radiação; e pseudocromáticos se a variação de cor for produzida por dispersão e interferência de ondas de luz entre a superfície e inomogeneidades internas de cristais incolores.

Os minerais alocromáticos, de brilho não metálico, são acroicos, isto é, incolores, quando puros ou não sujeitos às particularidades já mencionadas. São exemplos de minerais alocromáticos a fluorita (incolor, amarela, rósea, verde ou violeta); a turmalina (incolor – acroíta, rósea – rubelita, verde – esmeralda-brasileira, azul – indicolita e preta – schorlita ou afrisita); o quartzo (incolor – cristal de rocha, amarelo – quartzo-citrino, róseo – quartzo-róseo, violeta – ametista e verde – prásio); e o berilo (incolor, verde – esmeralda; azul ou azul-esverdeado – água-marinha; amarelo – heliodoro e rósea – morganita).

A melhor maneira de tirar conclusões acertadas sobre a identidade de um mineral, tendo por base a sua cor, é examiná-la em conjunto com o seu brilho, uma vez que, conforme assinalado anteriormente, o brilho é uma das mais regulares e facilmente observáveis propriedades de um mineral.

2.1.3 Diafaneidade

A habilidade de uma lâmina de um mineral para transmitir luz é a sua diafaneidade, segundo a qual os minerais podem ser transparentes, translúcidos ou opacos.

O mineral é transparente se o contorno de um objeto visto através dele é nítido; caso contrário, é translúcido. Alguns minerais são transparentes em lascas delgadas e translúcidos em seções mais espessas. Se um mineral não deixa passar luz através dele, mesmo em lascas delgadas, ele é chamado de opaco.

2.1.4 Traço ou risco

Quando se examina um mineral, uma característica física importante a se considerar é a cor de seu traço. O traço se revela quando se pulveriza uma parte do exemplar, e isso pode ser feito moendo-se o mineral, raspando-o com uma ponta metálica ou esfregando-o sobre uma placa de porcelana branca não vitrificada. O traço ou risco deixado por um mineral, quando esmagado sobre uma placa de porcelana branca, pode ser ou não da mesma cor que o mineral e constitui-se num dado que ajuda na sua identificação. O traço baseia-se na cor do pó do mineral. É uma característica muito importante na identificação dos minerais de brilho metálico e de alguns minerais não metálicos coloridos.

Os minerais de brilho metálico podem apresentar traço preto (acinzentado, acastanhado, azulado etc.), cinzento (escuro, claro, prateado, chumbo, aço etc.), castanho (claro, escuro, avermelhado, amarelado etc.), amarelo (acastanhado, avermelhado, alaranjado etc.) e vermelho (escuro, claro, sangue, róseo, acastanhado etc.).

2.2 Dureza e tenacidade

Dureza e tenacidade são duas propriedades físicas úteis no reconhecimento dos minerais e que são facilmente aplicadas nesses estudos. A dureza é a resistência ao risco e a tenacidade é a resistência ao choque.

2.2.1 Dureza

A dureza de um mineral é a sua resistência ao risco, ou seja, é a resistência que um mineral oferece ao ser riscado com outro mineral ou com outro objeto. Ela pode ser avaliada de acordo com a Escala de Dureza de Mohs, que consiste de dez minerais comuns arranjados em ordem crescente de dureza. Os minerais de graus de dureza 1 (talco) e 2 (gipso) são considerados de dureza baixa e são riscáveis pela unha (dureza 2,5). Os minerais de dureza 3 (calcita), 4 (fluorita) e 5 (apatita) são considerados de dureza média. Eles riscam a unha e são riscáveis pelo vidro (dureza = 5,5) e pela lâmina de um canivete (dureza = 5,5). Os demais minerais da escala riscam o vidro e a lâmina do canivete. Eles são considerados de dureza alta: feldspato (ortoclásio) (6), quartzo (7), topázio (8), corindon (9) e diamante (10). O Quadro 2.1 mostra essa escala com seus graus de dureza e divisões em durezas baixa, média e alta.

Os minerais de grau de dureza maior riscam os de grau de dureza menor. Com a unha (dureza 2,5) riscam-se os minerais de dureza 1 e 2; com o vidro (dureza 5,5) riscam-se os minerais de dureza até 5, e o

Quadro 2.1 Escala de Dureza de Mohs

Grau de dureza	Mineral da escala	Objetos usados para comparar a dureza	Dureza relativa
1	Talco	Risca-se com a unha	**Baixa**. Mineral mole
2	Gipso	Risca-se com a unha	**Baixa**. Mineral mole
2,5		Unha	
3	Calcita	Risca-se com o vidro	**Média**. Mineral semiduro
4	Fluorita	Risca-se com o vidro	**Média**. Mineral semiduro
5	Apatita	Risca-se com o vidro	**Média**. Mineral semiduro
5,5		Vidro	
6	Feldspato	Risca o vidro	**Alta**. Mineral duro
7	Quartzo	Risca o feldspato e o vidro	**Alta**. Mineral duro
8	Topázio	Risca o quartzo e o vidro	**Alta**. Mineral duro
9	Corindon	Risca o topázio e o vidro	**Alta**. Mineral duro
10	Diamante	Risca todos os minerais	**Alta**. Mineral duro

vidro é riscado pelos minerais de dureza 6 ou superior. A lâmina de um canivete comum também possui dureza semelhante à do vidro plano e pode ser usada para substituí-lo.

2.2.2 Tenacidade

A tenacidade é a resistência que, por sua coesão, um mineral oferece ao ser rompido, esmagado, curvado ou rasgado. Ela não deve ser confundida com a dureza. Os seguintes termos são usados para descrever a tenacidade dos minerais: quebradiço (que se pulveriza facilmente), maleável (que pode ser transformado em lâminas), séctil (que se deixa cortar sem quebrar), dúctil (que pode ser esticado em forma de fio), flexível (que não retoma sua forma primitiva quando cessa a pressão) e elástico (que retoma sua posição original ao cessar a pressão).

2.3 Clivagem, fratura e partição

Quando uma substância cristalina é quebrada ou rompida, a nova superfície gerada pode apresentar características que facilitam a sua identificação. Essa nova superfície poderá ser descrita como sendo clivagem, fratura ou partição. Se a superfície gerada ocorrer ao longo de um ou mais planos de fraqueza na estrutura do mineral, ela será conhecida como clivagem. Se a nova superfície não tiver relação com a clivagem, ela é chamada de fratura. Se uma substância cristalina se quebrar ao longo de planos que não são paralelos a possíveis faces de um cristal, trata-se de uma partição.

2.3.1 Clivagem

Uma superfície de clivagem é um plano de fraqueza ao longo do qual um mineral quebra. A presença de clivagem, ou a sua ausência, é de grande valia para a identificação dos minerais. O teste para clivagem é simples, mas requer prática anterior, quando então pode ser usado com confiança. Nada se requer exceto boa iluminação, pois apenas em uma determinada posição a luz será refletida para o observador.

Em geral, a clivagem é classificada quanto a sua qualidade, isto é, pela maior ou menor facilidade para quebrar ao longo de certas direções e produzir superfícies lisas. Os seguintes termos são usados para descrever a qualidade de uma clivagem: excelente, proeminente ou eminente (como na moscovita e na calcita); boa ou perfeita (como nos feldspatos e na fluorita); imperfeita ou distinta (como na nefelina); e imperfeita, rara ou difícil (como na apatita).

Quanto ao número de planos que a limita, a clivagem pode ser incompleta (se os planos existentes não são suficientes para formar um sólido), como no caso da moscovita; ou completa (se o número de planos forma um sólido), como no caso da calcita.

De acordo com a direção cristalográfica, a clivagem é descrita como: cúbica, octaédrica, romboédrica, basal, pinacoidal etc.

A Fig. 2.1 representa alguns tipos de clivagem vistos comumente em substâncias cristalinas.

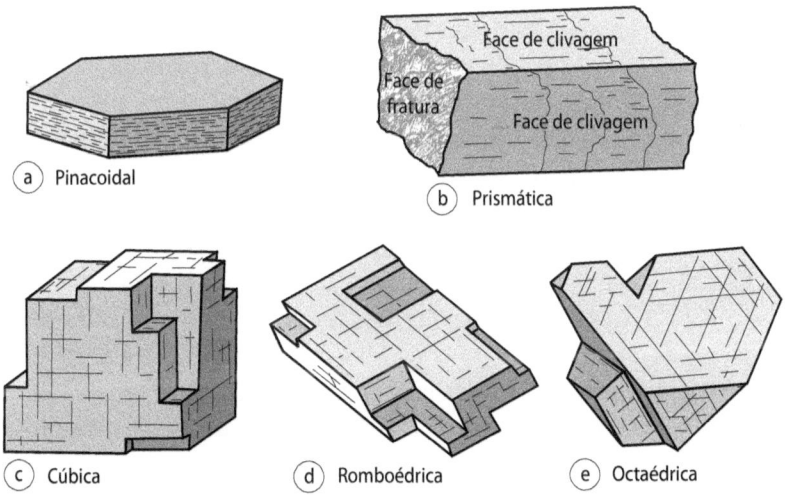

Fig. 2.1 Alguns tipos de clivagem, classificados de acordo com o número de planos e a direção cristalográfica: (a) clivagem ao longo de um plano – pinacoidal, como na moscovita; (b) clivagem ao longo de dois planos – prismática, como no ortoclásio (feldspato potássico); (c) clivagem ao longo de três planos perpendiculares – cúbica, como na galena; (d) clivagem ao longo de três planos inclinados – romboédrica, como na calcita; (e) clivagem ao longo de quatro planos – octaédrica, como na fluorita

2.3.2 Fratura

A fratura define a maneira pela qual uma substância quebra em qualquer direção que não seja uma direção de clivagem. Às superfícies resultantes da fragmentação de um mineral com um golpe, ou seja, à superfície de ruptura dos minerais que não possuem clivagem é que se denomina de fratura. Espécies típicas são a fratura conchoidal (quando apresenta superfícies lisas, curvas, como no interior de uma concha), a fratura subconchoidal ou plana (quando se aproxima de um plano, mas possuindo pequenas elevações e depressões), a fratura irregular ou desigual (quando a superfície assim se apresenta), a fratura fibrosa ou estilhaçada (quando aparecem fibras ou estilhaços, comuns em minerais fibrosos), a fratura granular (quando a superfície produzida dá a impressão de buracos e elevações) e a fratura terrosa (quando produzida em agregados minerais macios, como a caulinita).

2.3.3 Partição

Algumas substâncias cristalinas podem quebrar-se ao longo de planos de fraqueza que não são necessariamente paralelos a planos ou faces de um cristal. Denomina-se partição essa propriedade de um mineral de quebrar-se ao longo de planos definidos não relacionados com a estrutura do cristal. A partição, diferentemente da clivagem, é controlada pelas condições do ambiente durante a cristalização e não está diretamente relacionada com a estrutura interna de um mineral. Partição não é uma clivagem. Muitas vezes, é a separação das lamelas de um cristal geminado. Causas externas, que não estavam presentes durante o processo de formação dos minerais, podem levar à tendência de quebra. Na partição, diferentemente da clivagem, há somente um certo número de planos em uma determinada direção ao longo da qual o mineral se romperá.

São exemplos dessa propriedade a partição octaédrica da magnetita, a basal do piroxênio e a romboédrica do corindon.

2.4 Densidade

A densidade é um número que representa a relação do peso de um mineral com o peso de um igual volume de água. Se um mineral tem densidade 2, isso significa que um dado espécime desse mineral pesa duas vezes tanto quanto o mesmo volume de água.

A densidade relativa de uma substância cristalina depende da espécie de átomos que a compõem e da maneira como eles estão arranjados entre si. Você pode observar isso analisando a composição, a densidade e o sistema de cristalização dos carbonatos aragonita, estroncianita, witherita, cerussita e calcita.

No laboratório, pode-se determinar a densidade de um mineral com o auxílio da balança de Jolly ou por meio de algum outro método mais refinado. No campo, podem-se sopesar espécimes de mão de minerais, considerando-os pouco densos, densos ou muito densos.

A Tab. 2.1 mostra a densidade relativa média dos minerais. No caso dos minerais de brilho não metálico, ela varia de 2,65 a 2,75; nos minerais de brilho metálico, fica em torno de 5.

Tab. 2.1 Densidade relativa média dos minerais

Densidade dos minerais	Minerais de brilho não metálico	Minerais de brilho metálico
Pouco denso	Densidade inferior a 2,2	Densidade inferior a 3
Denso	Densidade entre 2,2 a 3,5	Densidade entre 3 a 7
Muito denso	Densidade superior a 3,5	Densidade superior a 7

2.5 Forma cristalina e hábito

Um cristal é um sólido limitado por superfícies lisas (faces de cristal) que refletem a estrutura interna do mineral. Os cristais isolados bem desenvolvidos aparentam formas geométricas definidas e são raros. Alguns espécimes de mão são constituídos de agregados de cristais muito pequenos, não visíveis a olho nu; outros podem ser fragmentos de cristais maiores, resultando no reconhecimento de uma ou duas faces imperfeitas do cristal.

Um sólido cristalino com faces bem formadas é chamado de idiomórfico ou euédrico; se possuir faces imperfeitamente desenvolvidas, é chamado de subidiomórfico ou subédrico; e se não apresentar faces, é chamado de xenomórfico, anédrico ou informe (Fig. 2.2).

A forma, ou combinação de formas cristalinas, que um mineral desenvolve em resposta ao calor, à pressão, à composição das soluções presentes e a outros fatores do ambiente geológico é o seu hábito. Alguns minerais sempre desenvolvem suas formas cristalinas particulares; outros, mesmo quando possuem uma estrutura atômica regular, raramente desenvolvem cristais bem formados. Em lugar disso, são

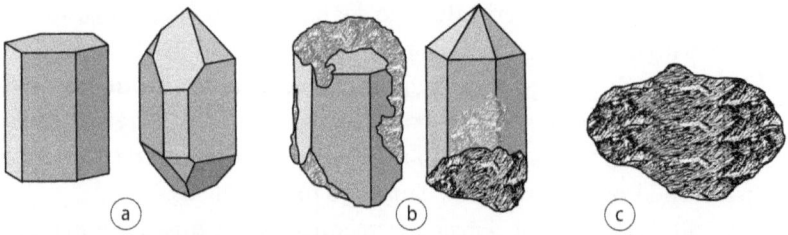

Fig. 2.2 Caracterização da forma do cristal de quartzo em amostras de mão: (a) cristal idiomórfico ou euédrico; (b) cristal subidiomórfico ou subédrico; (c) cristal xenomórfico, anédrico ou informe

irregulares em princípio, e são chamados de maciços; ou senão se desenvolvem em várias formas que lembram figuras familiares em nosso meio e, portanto, são chamados de imitativos. Muitos hábitos são imitativos e incluem minerais com hábitos alongados, achatados ou arredondados.

Os minerais com hábitos alongados incluem: minerais prismáticos (em forma de lápis), colunares (em forma de colunas vigorosas), estalactíticos (como as pedras pendentes dos tetos das cavernas), aciculares (em forma de agulhas), fibrosos (crescidos como fios de seda), capilares (fios semelhantes a cabelo) e filiformes (trançados como estrelas).

Os minerais com hábitos achatados incluem: minerais tabulares (em forma de placas), lamelares (alongados e achatados como a lâmina de uma faca), micáceos (em lâminas muito finas) e dendríticos ou arborescentes (formando ramificações que lembram ramos de árvore).

Os minerais com hábitos arredondados incluem: oólitos (pequenas esferas que lembram ovos de peixe; as maiores são pisólitos), botrioides (agregados de glóbulos de um tamanho apropriado, semelhantes a cachos de uva), massas reniformes (massas arredondadas maiores, em forma de rins), massas mamiliformes (massas arredondadas ainda maiores, em forma de seios), rosetas (grupamentos concêntricos, que lembram pétalas), drusas (cavidades ovais dentro de rochas ou minerais, revestidas de cristais) e geodos (se as cavidades são de forma esférica).

2.6 Outras propriedades dos minerais

2.6.1 Magnetismo

Um pequeno número de minerais é suficientemente magnético para ser atraído por um ímã, e essa propriedade serve como um meio para identificá-los. A magnetita e a pirrotita são os mais comuns desses minerais.

2.6.2 Iridescência

Um mineral é iridescente quando mostra uma série de cores espectrais em seu interior ou sobre uma superfície. Consiste na decomposição da luz em cores semelhantes às do arco-íris. Em alguns minerais, sua presença é notada em camadas de diferentes índices de refração, em fraturas e clivagens ou, ainda, em revestimentos superficiais delgados.

2.6.3 Embaçamento

Propriedade de um mineral quando a cor da sua superfície difere da cor do seu interior. É uma característica observada principalmente em minerais de cobre (bornita e calcopirita). Trata-se de alteração superficial na cor e no brilho de um mineral, causada pela oxidação.

2.6.4 Luminescência

Emissão de luz temporária por alguns minerais quando submetidos ao calor, à eletricidade, à radioatividade etc.

 # Classificação dos minerais

Conforme já assinalado, os minerais são constituídos por elementos químicos, e uma associação de minerais dá origem às rochas. As rochas são as unidades estruturais da crosta terrestre; logo, os minerais são os constituintes primários dela.

Os minerais podem ser classificados de muitas maneiras. Cada classificação atende a um determinado fim. Uma das maneiras comuns de classificar os minerais é pelas classes químicas; outra é pelo seu modo de formação ou de ocorrência. Nesse último caso, os minerais são divididos em minerais formadores de rochas e minerais de minérios.

3.1 Classificação química dos minerais

A composição química é a base para a classificação dos minerais. Nesse esquema, os minerais são divididos em classes dependentes do ânion ou grupo aniônico dominante, porque apresentam semelhanças familiares, em geral mais fortes e mais claramente acentuadas do que as partilhadas pelos minerais que contêm o mesmo cátion dominante. Por outro lado, os minerais relacionados pela dominância do mesmo ânion tendem a ocorrer juntos, ou em ambientes geológicos idênticos ou semelhantes. Um esquema de classificação mineral concebido por essa forma concorda bem com a prática química corrente na denominação e classificação dos compostos inorgânicos.

Nesse tipo de classificação, os minerais estão grupados pelas classes químicas em: elementos nativos, sulfetos, óxidos, haloides, carbonatos, sulfatos, fosfatos, tungstatos e silicatos. O Quadro 3.1 apresenta minerais de cada uma dessas classes químicas, separando os minerais comuns daqueles que são de importância econômica (minerais de minérios e de pegmatitos).

Uma vez que a classe dos silicatos reúne a maioria dos minerais comuns e abundantes na crosta terrestre, o Quadro 3.1 inclui um tópico detalhado sobre essa classe química de minerais. Além disso, são as reações desses minerais com os processos geológicos externos, na presença de matéria orgânica, que produzem a camada superficial do solo, na qual crescem os vegetais e se desenvolve a vida. O estudo e o conhecimento desses minerais são importantes para vários profissionais que lidam com o meio ambiente, em especial geólogos, agrônomos e biólogos.

3.1.1 Silicatos: estrutura e composição

A importância dos silicatos é primordial. A soma dos elementos oxigênio-silício-alumínio constitui cerca de 84% da massa da Terra.

Os minerais formadores de rochas, na sua quase totalidade, são constituídos por minerais da classe dos silicatos. Nela estão concentrados 25% dos minerais conhecidos e quase 40% dos minerais mais comuns, razão pela qual torna-se evidente a necessidade de uma abordagem mais detalhada sobre os minerais dessa classe.

Como já foi destacado, a crosta terrestre pode ser considerada uma armação de íons de oxigênio ligados por íons pequenos de silício e alumínio, e os minerais dominantes na crosta são os silicatos e os óxidos.

A unidade fundamental sobre a qual se baseia a estrutura de todos os silicatos consiste em quatro íons de oxigênio nos vértices de um tetraedro regular rodeando o íon de silício tetravalente e coordenado por este. A ligação que une os íons de oxigênio e silício é 50% iônica e 50% covalente.

No momento, é suficiente saber que o número de coordenação é o número de ânions oxigênio que circundam um cátion de silício. Esse valor é dado a partir da relação dos raios iônicos dos íons em questão. Por exemplo, para o caso do silício e do oxigênio, tem-se:

N° de coordenação = $R_{cátion}/R_{ânion}$ = R_{Si}/R_O = 0,42 A°/1,32 A° = 0,318

A Tab. 3.1 mostra as relações entre o raio iônico e o número de coordenação, bem como o arranjo dos íons em torno dos cátions. De posse desses dados e do valor 0,318 para a relação R_{Si}/R_O, pode-se concluir que a coordenação 4 (tetraédrica) será o estado mais estável dos agrupamentos silício-oxigênio. Cada íon em uma estrutura de cristal tem algum efeito sobre todos os demais íons: de atração se as cargas forem contrárias; de repulsão se forem idênticas.

Quadro 3.1 CLASSIFICAÇÃO DOS PRINCIPAIS MINERAIS COMUNS E DE IMPORTÂNCIA ECONÔMICA

Classe química	Minerais formadores de rochas							Minerais de minérios (de veios)		Minerais de pegmatitos
	Rochas ígneas	Rochas sedimentares		Rochas metamórficas						
	Intrusivas e extrusivas	Clásticas	Não clásticas	de contato com			de metamorfismo regional em			
				Rochas carbonáticas	Rochas silicosas	Rochas carbonáticas	Gnaisses e xistos	Rochas básicas	Zona de oxidação	Zona não oxidada	
Elementos nativos	Cobre Grafita Ouro	Enxofre Ouro	Enxofre	Grafita			Grafita		Cobre Ouro Prata	Antimônio Cobre Grafita Ouro	Grafita
Sulfetos	Calcopirita Estibnita Molibdenita Pirita Pirrotita	Esfalerita Galena Pirita	Pirita	Bornita Molibdenita Pirita		Molibdenita	Calcopirita Molibdenita Pirita Pirrotita			Argentita Arsenopirita Bornita Estibnita Galena Pirita Pirrotita	Molibdenita Pirita
Óxidos	Corindon Cromita Hematita Ilmenita Magnetita	Cassiterita Corindon Crisoberilo Hematita Ilmenita Limonita Magnetita Pirolusita Psilomelano Rutilo	Bauxita Limonita	Corindon Espinélio	Corindon Espinélio Ilmenita Magnetita Rutilo	Corindon Espinélio Zincita	Corindon Crisoberilo Espinélio Hematita Ilmenita Magnetita Rutilo	Cromita Ilmenita Magnetita	Cuprita Goethita Limonita	Cassiterita Columbita Tantalita Uraninita	Cassiterita Colúmbia Crisoberilo Magnetita Tantalita Uraninita

Quadro 3.1 Classificação dos principais minerais comuns e de importância econômica (cont.)

Classe química	Minerais formadores de rochas									Minerais de minérios (de veios)		Minerais de pegmatitos
	Rochas ígneas Intrusivas e extrusivas	Rochas sedimentares Clásticas	Rochas sedimentares Não clásticas	Rochas metamórficas de contato com Rochas carbonáticas	Rochas silicosas	Rochas metamórficas Rochas carbonáticas	de metamorfismo regional em Gnaisses e xistos	Rochas básicas	Zona de oxidação	Zona não oxidada	
Haloides		Fluorita	Carnalita Halita Fluorita	Fluorita						Fluorita	
Carbonatos	Calcita	Aragonita Calcita Dolomita	Aragonita Calcita Dolomita	Calcita		Aragonita Calcita Dolomita Smithsonita Witherita	Calcita	Calcita Dolomita Magnesita	Azurita Cerussita Malaquita Rodocrosita Siderita Smithsonita	Calcita Dolomita	
Sulfatos		Barita Gipso	Anidrita Barita Celestita Epsomita Gipso						Anglesita Celestita	Barita	
Fosfatos	Apatita Monazita	Apatita Monazita				Apatita	Apatita Monazita		Piromorfita		Ambligonita Apatita Monazita

3 Classificação dos minerais

Minerais comuns e de importância econômica

Tungstatos

Scheelita

Allanita	Anfibólio	Calcedônia	Anortita	Andaluzita	Flogopita	Actinolita	Anfibólio	Crisocola	Clorita
Anfibólio	Biotita		Biotita	Augita	Piroxênio	Allanita	Clorita	Hemimorfita	Ortoclásio
Augita	Caulinita		Condrodita	Biotita	Rodonita	Andaluzita	Enstatita		
Biotita	Cianita		Diopsídio	Cianita	Serpentina	Augita	Epidoto		
Calcedônia	Clorita		Epidoto	Clorita	Talco	Berilo	Flogopita		
Epidoto	Epidoto		Escapolita	Epidoto	Tremolita	Biotita	Garnierita		
Granada	Granada		Flogopita	Escapolita	Zircão	Clorita	Granada		
Hiperstênio	Moscovita		Granada	Estaurolita		Epidoto	Olivina		
Hornblenda	Opala		Tremolita	Granada		Escapolita	Pirofilita		
Leucita	Ortoclásio		Turmalina	Hornblenda		Estaurolita	Quartzo		
Moscovita	Plagioclásio		Wollastonita	Quartzo		Granada	Serpentina		
Nefelina	Quartzo			Sillimanita		Hornblenda	Talco		
Olivina	Titanita			Titanita		Moscovita			
Ortoclásio	Topázio			Topázio		Ortoclásio			
Piroxênio	Turmalina			Turmalina		Pirofilita			
Plagioclásio	Zircão			Zircão		Plagioclásio			
Quartzo						Quartzo			
Sodalita						Sillimanita			
						Talco			
						Titanita			
						Topázio			
						Vesuvianita			
						Zeólita			
						Zircão			

Silicatos

Scheelita Wolframita

- Albita
- Berilo
- Biotita
- Espodumênio
- Granada
- Lepidolita
- Microclínio
- Moscovita
- Nefelina
- Ortoclásio
- Quartzo
- Topázio
- Turmalina
- Zircão

Tab. 3.1 Relações entre o raio iônico e o número de coordenação

Nº de coordenação	Relação R_c/R_a	Arranjo dos íons em torno dos cátions
2	Até 0,15	Linear
3	0,15 a 0,22	Triangular
4	0,22 a 0,41	Tetraédrico
6	0,41 a 0,73	Octaédrico
8	Acima de 0,73	Cúbico

Nos silicatos, os tetraedros podem estar independentes ou unidos pelo compartilhamento de oxigênios. Então, quando os cátions compartilham ânions entre si, fazem-no de tal maneira que se colocam tão afastados quanto possível. Em consequência, os poliedros de coordenação formados em redor de cada um são unidos mais comumente pelos vértices do que pelas arestas ou faces.

As cargas dos ânions são satisfeitas por diversos cátions, conforme a espécie mineral. A Tab. 3.2 mostra a coordenação dos elementos importantes nos silicatos. A ocorrência de um cátion em lugar do outro na estrutura cristalina sem que se altere a forma geométrica é comum (substituição isomórfica). Essas substituições são amplas entre elementos cujos símbolos estão separados por um par de linhas horizontais na Tab. 3.2. Isso nos permite escrever uma fórmula geral para todos os silicatos:

$$X_m Y_n (Z_p O_q) W_r$$

onde:

X – íons grandes, de carga fraca em coordenação 8 ou mais elevada, com oxigênio;
Y – íons de tamanho médio, bi ou tetravalentes, em coordenação 6;
Z – íons pequenos, de carga elevada, em coordenação 4 (tetraédrica);

Tab. 3.2 Coordenação dos elementos importantes nos silicatos

	Nº de coordenação	Íon	Raio iônico (Å)
Z	4	Si^{4+}	0,51
	4	Al^{3+}	0,51
	6	Al^{3+}	0,51
	6	Fe^{3+}	0,64
Y	6	Mg^{2+}	0,66
	6	Ti^{4+}	0,68
	6	Fe^{2+}	0,74
	6	Mn^{2+}	0,80
	8	Na^{1+}	0,97
	8	Ca^{2+}	0,99
X	8-12	K^{1+}	1,33
	8-12	Ba^{2+}	1,34
	8-12	Rb^{1+}	1,47

O – oxigênio;
W – grupos aniônicos (OH) ou ânions (Cl⁻, F⁻ etc.).

3.1.2 Classificação dos silicatos

Os silicatos são classificados em seis classes com arranjos característicos determinados pela relação de Si:O, denominadas: nesossilicatos, sorossilicatos, ciclossilicatos, inossilicatos, filossilicatos e tectossilicatos, conforme mostrado no Quadro 3.2.

Quadro 3.2 CLASSES DOS SILICATOS

Classe	Arranjo dos tetraedros SiO_4	Relação Si:O	Exemplo de mineral
Nesossilicatos	Isolados	1:4 ou 2:8 ou 4:16	Olivina
Sorossilicatos	Duplo	1:3,5 ou 2:7 ou 4:14	Epídoto
Ciclossilicatos	Anéis (elos)	1:3 ou 2:6 ou 4:12	Berilo
Inossilicatos	Cadeias simples	1:3 ou 2:6 ou 4:12	Piroxênio
	Cadeias duplas	1:2,75 ou 2:5,5 ou 4:11	Anfibólio
Filossilicatos	Folhas	1:2,5 ou 2:5 ou 4:10	Mica
Tectossilicatos	Estruturas tridimensionais	1:2 ou 2:4 ou 4:8	Quartzo

NESOSSILICATOS – Nos nesossilicatos, os tetraedros de SiO_4, comuns a todas as estruturas dos silicatos, estão isolados, unidos entre si somente por ligações iônicas, por meio dos cátions intersticiais. A relação de Si:O é de 1:4 ou 2:8 ou 4:16. Os tetraedros isolados de silício compartilham oxigênios com cátions bivalentes. São minerais da classe dos nesossilicatos a olivina – $(Mg,Fe)_2(SiO_4)$ – e a granada – $(Mg,Fe,Mn,Ca)_3(Al,Fe,Cr)_2(SiO_4)_3$. O grupo das olivinas constitui uma série isomórfica, na qual os cátions intersticiais, do tipo Y, são Fe^{2+} e/ou Mg^{2+}, em coordenação 6 (octaédrica). O membro rico em ferro denomina-se faialita (Fe_2SiO_4) e o rico em magnésio, forsterita (Mg_2SiO_4). A estrutura dos nesossilicatos está representada na Fig. 3.1.

SOROSSILICATOS – Caracterizam-se os sorossilicatos pelos grupos tetraédricos duplos, isolados, formados pelos dois tetraedros SiO_4, que compartilham entre si um único oxigênio, situado em um vértice. A

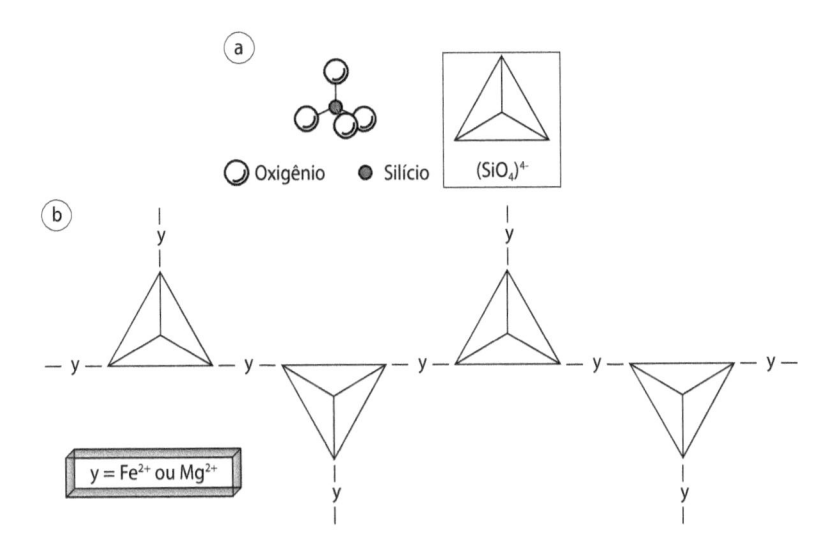

Fig. 3.1 Estrutura dos nesossilicatos. Tetraedros isolados. Nesse tipo de estrutura, o arranjo silício-oxigênio é um tetraedro independente, ilustrado em (a). Nas olivinas, tetraedros individuais compartilham oxigênios somente com outros cátions que não contêm silício, conforme ilustrado em (b). Nesse caso, a razão Si:O é de 1:4 ou 2:8 ou 4:16

relação do silício para o oxigênio resultante desse arranjo é 1:3,5 ou 2:7 (ou 4:14). Um dos oxigênios é compartilhado, cabendo meio oxigênio a um tetraedro e a outra metade, ao outro. A ligação dos tetraedros é feita pelos vértices, nunca pelos lados. São exemplos de sorossilicatos os minerais epídoto – $Ca_2(Al,Fe)Al_2O(SiO_4)(Si_2O_7)OH$ – e allanita (ortita) – $(Ce,Ca,Y)(Al,Fe)_3(SiO_4)_3OH$ –, do grupo do epídoto. A estrutura dos sorossilicatos está representada na Fig. 3.2.

CICLOSSILICATOS – Apresentam-se em configurações cíclicas, isto é, em anéis de três, quatro ou seis tetraedros de SiO_4, ligados. A relação de Si:O é 1:3 ou 2:6 (ou 4:12). Os anéis podem apresentar configurações Si_3O_9, Si_4O_{12} e Si_6O_{18}, e esta última é o retículo básico das estruturas dos minerais comuns de berilo – $Be_3Al_2(Si_6O_{18})$ – e turmalina – $(Na,Ca)(Al,Fe,Li,Mg)_3Al_6(BO_3)_3(Si_6O_{18})(OH)_4$. A Fig. 3.3 mostra a configuração fechada, cíclica do anel Si_6O_{18}. No berilo, os anéis estão dispostos em folhas planas.

◯ Oxigênio ● Silício $(Si_2O_7)^{6-}$

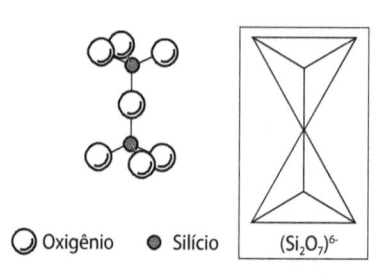

Fig. 3.2 Estrutura dos sorossilicatos. Tetraedros duplos. Nesse tipo de estrutura, dois tetraedros de silício compartilham um oxigênio comum. O ânion compartilhado é conhecido como um oxigênio-ponte porque liga diretamente dois silícios. Os tetraedros duplos compartilham cátions do tipo X (Ca e Na) e Y (Al^{3+}, Fe^{3+}, Mn^{3+}). Nesse caso, a relação Si:O é de 1:3,5 ou 2:7 ou 4:14

◯ Oxigênio ● Silício $(SiO_3)^{2-}$

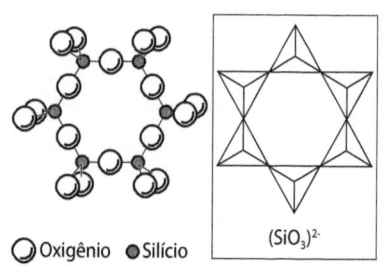

Fig. 3.3 Estrutura dos ciclossilicatos. Tetraedros elos (anéis). Esse tipo de estrutura resulta em elos de tetraedros de três, quatro ou seis membros, com dois oxigênios de cada tetraedro sendo oxigênios-ponte. O arranjo de um elo com seis membros está ilustrado na figura. Ele caracteriza a estrutura do berilo. Nesse caso, a relação Si:O é de 1:3 ou 2:6 ou 4:12

INOSSILICATOS – Os tetraedros SiO_4 podem estar unidos em cadeias, compartilhando oxigênios com os tetraedros adjacentes. Essas cadeias simples podem, então, unir-se lado a lado, para formar faixas ou cadeias duplas. Nos inossilicatos simples, com estrutura de cadeia simples, dois dos quatro oxigênios em cada tetraedro SiO_4 são compartilhados com os tetraedros vizinhos. A relação de Si:O é de 1:3 ou 2:6 (ou 4:12). Os minerais da família dos piroxênios possuem esse tipo de estrutura, como, por exemplo, a enstatita – $Mg_2(Si_2O_6)$ – e o diopsídio – $CaMg(Si_2O_6)$. Os piroxênios constituem um grupo numeroso de espécies minerais, sendo a augita o piroxênio mais comum. Um dos piroxênios de composição mais simples é o hiperstênio – $(Fe, Mg)_2Si_2O_6$ –; os demais piroxênios diferem do hiperstênio por variações na proporção de $Fe^{2+}:Mg^{2+}$ de 2:0 a 0:2; por substituições isomórficas em proporções variáveis desses dois cátions por Ca^{2+}; e outros por substituições isomórficas de alguns Si^{4+} por Al^{3+}. As cargas negativas excedentes então geradas são atendidas por diversos outros cátions (Fe^{3+}, Li^+, Na^+, Cu^{2+}, Zn^{2+}, Mn^{2+} etc.). Nos inossilicatos duplos, com estrutura em cadeia dupla, metade dos tetraedros compartilha três oxigênios e a outra metade, somente dois. A relação de Si:O é igual a 1:2,75 ou 2:5,5 (ou 4:11). Os minerais da família dos anfibólios, como, por exemplo, antofilita – $(Mg,Fe)_7Si_8O_{22}(OH)_2$ –, tremolita – $Ca_2Mg_5Si_8O_{22}(OH)_2$ – e actinolita – $Ca_2(Mg,Fe)_5Si_8O_{22}(OH)_2$ –, possuem esse tipo de estrutura. Os anfibólios também constituem um grupo numeroso de espécies minerais, sendo a hornblenda o anfibólio mais comum. Um dos anfibólios de composição mais simples é a antofilita – $(Mg,Fe)_7Si_8O_{22}(OH)_2$; os demais diferem da antofilita por variações na proporção de $Fe^{2+}:Mg^{2+}$ e por substituições isomórficas do mesmo tipo das que ocorrem nos piroxênios. A Fig. 3.4 mostra a estrutura dos inossilicatos.

FILOSSILICATOS – Caracterizam-se pela predominância, na estrutura, da folha silício-oxigênio estendida indefinidamente. Todos os seus membros possuem hábitos achatados, ou em escama e clivagem distinta. São, em geral, moles e de densidade relativamente baixa. A relação de Si:O é igual a 1:2,5 ou 2:5 (ou 4:10). Moscovita, biotita e talco são minerais dessa classe.

A estrutura dos filossilicatos, formada pelo empilhamento de diminutas camadas muito delgadas, caracteriza o grupo das micas (biotita, moscovita etc.), cujos cristais têm aspecto semelhante ao que ofereceria uma pilha de folhas de papel. Nas micas, cada camada compõe-se de três lâminas: duas de tetraedros de sílica (3/4 Si, 1/4 Al) e outra, mediana, com cátions de Mg^{2+} e Fe^{2+} (biotita) ou Al^{3+} (moscovita), em coordenação 6 (octaédrica), sendo a ligação entre as camadas feitas por K^+. A Fig. 3.5 mostra a estrutura dos filossilicatos.

TECTOSSILICATOS – Os minerais dessa classe estão formados em torno de uma estrutura tridimensional de tetraedros SiO_4 ligados, na qual todos os íons oxigênio, em cada tetraedro SiO_4, são compartilhados com os tetraedros vizinhos. A relação de Si:O é igual a 1:2 ou 2:4 (ou 4:8). É uma estrutura fortemente unida e estável, encontrada em minerais como o quartzo – SiO_2 –, o ortoclásio – $KAlSi_3O_8$ – e a albita – $NaAlSi_3O_8$. Esse tipo de estrutura resulta num modelo de coordenação de estrutura tridimensional de tetraedros SiO_4 ligados, ou seja, o silício está circundado por quatro oxigênios-ponte, a metade de cada um deles computada para cada um dos dois tetraedros. Nesse tipo de estrutura, as unidades tetraédricas estão polimerizadas em três dimensões; todo oxigênio é compartilhado entre dois silícios, conforme ilustrado na Fig. 3.6.

(a)

y = Fe^{2+} ou Mg^{2+}
x = Ca^{2+} e outros
$(Si_2O_6)^{4-}$

○ Oxigênio ● Silício

Inossilicatos de cadeias simples

(b)

w = OH^-
y = Fe^{2+} ou Mg^{2+}
x = Ca^{2+} e outros
$(Si_4O_{11}OH)^{7-}$

○ Oxigênio ● Silício

Inossilicatos de cadeias duplas

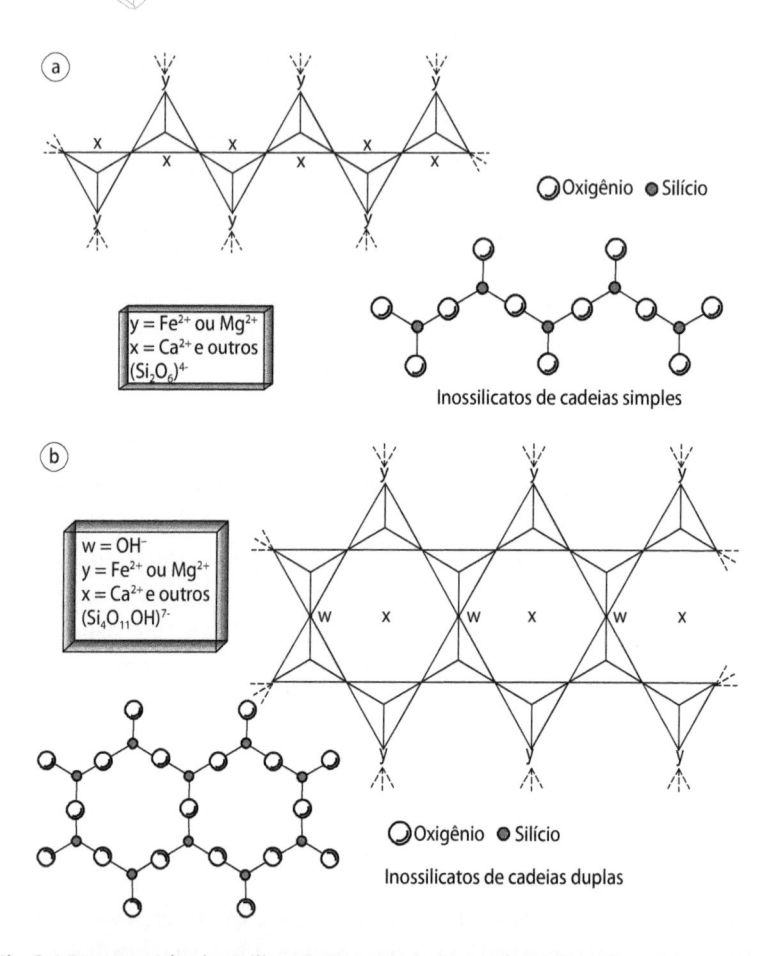

Fig. 3.4 Estrutura dos inossilicatos. Tetraedros em cadeias. Esse tipo de estrutura resulta em cadeias de silício-oxigênio simples e duplas. (a) No arranjo em cadeia simples, a metade dos oxigênios corresponde a oxigênios-ponte. Esse tipo de arranjo é característico dos minerais do grupo do piroxênio; (b) o arranjo em cadeia dupla possui seis elos polimerizados em uma direção. A estrutura consta de duas cadeias simples de tetraedros de silício-oxigênio, com tetraedros altamente interligados à cadeia adjacente. De cada oito oxigênios por dois silícios dentro de uma repetição de cadeia, cinco são oxigênios-ponte. Esse tipo de arranjo é característico dos minerais do grupo do anfibólio. Anfibólios e piroxênios admitem a polimerização silício-tetraédrica contínua na direção paralela ao comprimento da cadeia. Nesses casos, a relação Si:O nos arranjos cadeia simples é de 1:3 ou 2:6 ou 4:12; nos arranjos cadeia dupla é de 1:2,75 ou 2:5,5 ou 4:11

3 Classificação dos minerais

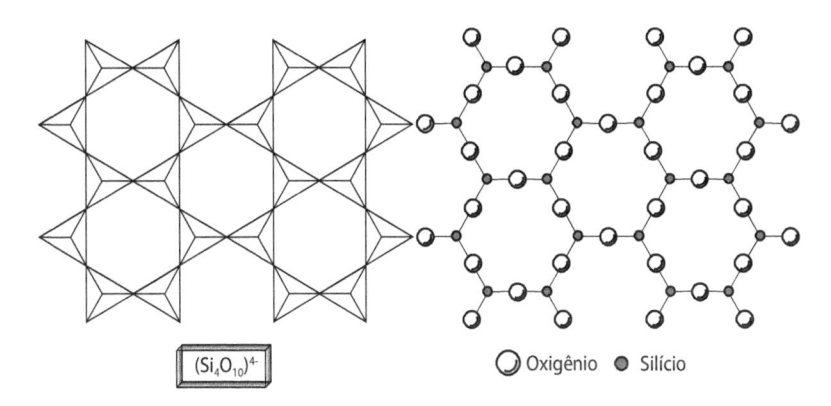

Fig. 3.5 Estrutura dos filossilicatos. Tetraedros em folhas. Esse tipo de estrutura resulta em folha de tetraedros silício-oxigênio com elos de seis membros interligados num plano. De cada quatro oxigênios, dispostos ao redor de um silício central, três são oxigênios-ponte. Nesse caso, a relação Si:O é de 1:2,5 ou 2:5 ou 4:10. Nos silicatos em folha, como no caso das micas, um quarto dos elementos dispostos no tetraedro corresponde a alumínio e três quartos, a silício. Assim, a unidade estrutural básica torna-se $Si_3AlO_{10}^{5-}$ em vez de $Si_4O_{10}^{4-}$

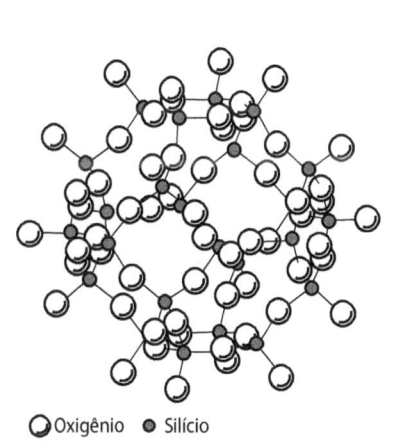

Fig. 3.6 Estrutura dos tectossilicatos. Tetraedros em estruturas tridimensionais. Esse tipo de estrutura resulta num arcabouço tetraédrico em que as unidades tetraédricas estão polimerizadas em três dimensões; todo oxigênio é compartilhado entre dois silícios. Nesse caso, a relação Si:O é de 1:2 ou 2:4 ou 4:8. Nos tectossilicatos, cada silício está circundado por quatro oxigênios-ponte, donde a fórmula estrutural reduz-se a SiO_2. No quartzo, o silício é o único cátion coordenado tetraedricamente. Nas estruturas de feldspatos, entretanto, entre um quarto e metade das localizações tetraédricas contêm alumínio, e o arcabouço é representado por fórmulas como $(AlSi_3)^{1-}$ e $(Al_2Si_2O_8)^{2-}$

Feldspatos e quartzo, os minerais mais abundantes da crosta terrestre, apresentam esse tipo de estrutura. Nos feldspatos, entre um quarto e a metade das localizações tetraédricas contêm alumínio. Essa substituição de Al^{3+} por Si^{4+} gera uma carga não balanceada que deve ser compensada por um número equivalente de cátions monovalentes ou por metade desse número, em se tratando de cátions bivalentes.

Você deve ter notado que a relação Si:O passa de 1:4 nos nesossilicatos para 1:2 nos tectossilicatos. Na ligação Si-O, cada íon oxigênio tem a potencialidade de ligar-se com outro íon silício e de entrar em outro agrupamento tetraédrico, unindo os grupos tetraédricos por meio do oxigênio compartilhado. A participação de um oxigênio entre dois tetraedros adjacentes quaisquer pode, se todos os quatro oxigênios são compartilhados assim, originar estruturas com um grau de coesão muito elevado, como a estrutura do quartzo. A essa ligação de tetraedros pela participação dos oxigênios podemos denominar de polimerização.

Nos silicatos, se todas as outras variáveis forem iguais, quanto mais alta a temperatura de formação, tanto mais baixo o grau de polimerização e vice-versa. A série de reações de Bowen, ilustrada na Fig. 3.7, mostra a sequência geral de cristalização dos silicatos formadores de

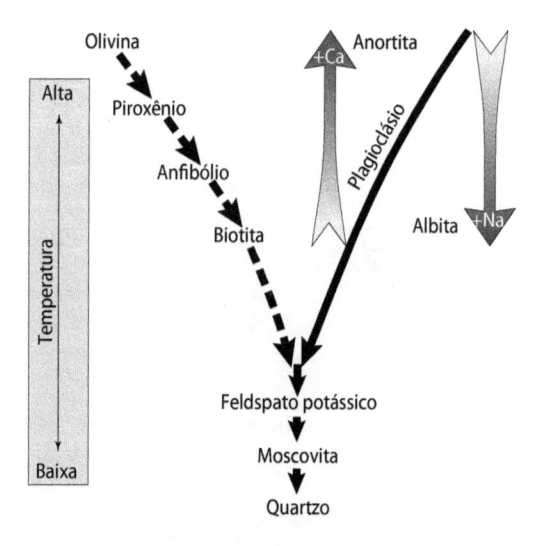

Fig. 3.7 Série de reações de Bowen. Nessa série de reações, os minerais máficos (ricos em magnésio e ferro) são membros da série de reações descontínuas, ou seja, em algumas circunstâncias, durante o resfriamento do magma, o crescimento de um mineral efetivou-se à custa do mineral formado anteriormente. Os feldspatos são membros de uma série de reações contínuas, ou seja, eles reagem constantemente com a fusão, de tal modo que, em temperaturas decrescentes, o líquido é gradualmente enriquecido em álcalis

rochas durante a cristalização fracionada de um magma em resfriamento. A cristalização fracionada provoca mudanças sistemáticas na composição global do magma residual.

Na série de Bowen, os minerais máficos formam uma série de reações descontínuas. Isso significa que, durante o resfriamento do magma, cada substância reage com o fundente, formando um mineral subsequente na linha, e que a reação se dá a uma temperatura determinada ou num intervalo estreito de temperaturas. Em contraste, os feldspatos plagioclásios formam uma série de reações contínuas, na qual os cristais reagem continuamente com o líquido até a completa solidificação. A cristalização pode iniciar-se numa série ou noutra, mas, durante a maior parte do tempo em que ocorre o processo de solidificação, há formação simultânea de dois tipos de cristal.

Quando o magma é rico em potássio, uma outra ramificação aparece representando a cristalização do feldspato potássico, simultaneamente, com parte do plagioclásio.

O quartzo e o feldspato alcalino são minerais que se formam, preferencialmente, do fundente residual (líquido residual).

3.2 Minerais formadores de rochas e minerais de minérios

Os minerais não se encontram regularmente distribuídos na crosta terrestre. Há um número limitado deles que constitui a quase totalidade da crosta; outros estão localizados em concentrações que permitem a sua exploração econômica, e são denominados depósitos ou jazimentos minerais. Isso permite o estabelecimento de outro critério para a classificação dos minerais, a saber: minerais formadores de rochas e minerais de minérios.

Os minerais formadores de rochas podem ser agrupados conforme a quantidade em que ocorrem e o papel que desempenham nas rochas. Os constituintes principais são denominados minerais essenciais; os que ocorrem em pequenas quantidades em cada rocha são os minerais subsidiários; e os constituintes de importância menor, que logram importância se forem característicos de processos geológicos específicos ou se substituírem os constituintes principais, são os minerais acessórios. Na seção 3.2.1 estão descritos os principais minerais formadores de rochas.

No Quadro 3.1, os minerais formadores de rochas estão separados pelas classes químicas a que pertencem, de acordo com seus modos de ocorrência mais comuns nas rochas da crosta terrestre.

As rochas classificam-se, segundo o seu processo de formação, em: a) rochas ígneas ou magmáticas, produzidas pela cristalização do magma. Elas podem ser intrusivas ou plutônicas (cristalizadas e/ou solidificadas abaixo da superfície) e extrusivas ou vulcânicas (cristalizadas ou solidificadas pelo extravasamento de magma na superfície); b) rochas sedimentares, que podem ser clásticas ou fragmentárias (resultantes de fragmentos de rochas preexistentes) e não clásticas ou químicas (resultantes da matéria mineral dissolvida e precipitada); e c) rochas metamórficas, que se originam da transformação de rochas já existentes submetidas a pressões elevadas e temperaturas altas. Essas modificações ocorrem ao entrarem em contato com rochas carbonáticas e silicosas ou por metamorfismo regional em rochas carbonáticas, rochas ígneas básicas e com alguns tipos de rochas sedimentares e ígneas que dão origem aos gnaisses e xistos durante o processo metamórfico.

Os minerais de minérios são agrupados de acordo com o elemento (metal) que é obtido deles. Nos depósitos minerais, o minério extraído é somente parte de unidades rochosas maiores; os minerais que acompanham essas concentrações constituem a ganga. Muitas vezes, esses minerais da ganga também são aproveitados economicamente como um subproduto da lavra principal.

No Quadro 3.1 destacam-se os principais minerais de minérios que ocorrem em veios, separados pelas classes químicas. Veio ou vieiro é um tipo de jazida mineral de origem hidrotermal e forma tabular que preenche fendas em uma rocha encaixante. A parte superior deles, próxima da superfície da crosta terrestre, pode sofrer a ação dos processos geológicos externos (ação da água, do oxigênio e do ácido carbônico) e produzir uma zona de oxidação dos minerais.

Pegmatito é um tipo de rocha ígnea plutônica de grão grosso e de composição semelhante à do granito que ocorre comumente como veios e diques. Os pegmatitos cortam as rochas encaixantes de natureza ígnea e/ou metamórfica. Seus minerais grandes e bem formados, em geral, são de valor econômico como minerais de interesse gemológico (pedras preciosas e semipreciosas) ou como minerais industriais. O Quadro 3.1

apresenta os principais minerais de pegmatitos de valor econômico, separados pelas suas classes químicas, conforme a sua composição.

3.2.1 Principais minerais formadores de rochas

Em geral, o tamanho pequeno dos minerais nas rochas dificulta a identificação. Felizmente esses minerais ocorrem em grandes quantidades e são relativamente poucos em número.

Para o estudo macroscópico de minerais, é necessário um martelo de geólogo para a obtenção de amostras no afloramento e/ou para quebrá-las no laboratório; uma lupa de bolso, com o mínimo de 9 e o máximo de 15 aumentos; um canivete; um pedaço de vidro plano; uma Escala de Dureza de Mohs ou, pelo menos, calcita, feldspato e quartzo; um frasco com ácido clorídrico diluído; uma placa de porcelana fosca; um ímã; e o conhecimento das propriedades físicas que você deve observar e identificar.

Os minerais descritos a seguir são encontrados nos principais tipos de rocha. No Quadro 3.1, você poderá verificar como eles costumam ocorrer mais comumente. Os minerais estão organizados em ordem alfabética para facilitar a consulta. Observe que a quase totalidade deles pertence à classe química dos silicatos. As Figs. 3.8 a 3.20 ilustram modelos de alguns cristais desses minerais.

ACTINOLITA (anfibólio cálcico) - Usualmente em prismas longos em forma de lâmina e, às vezes, fragmentos; duas clivagens em ângulos oblíquos, estilhaçada; dureza 5 a 6; densidade 3 a 3,4; brilho acetinado; cor verde-amarela fosca a verde-amarelada. Comum em rochas ígneas (quando derivada da hornblenda) e nos xistos (rochas metamórficas) (Fig. 3.8).

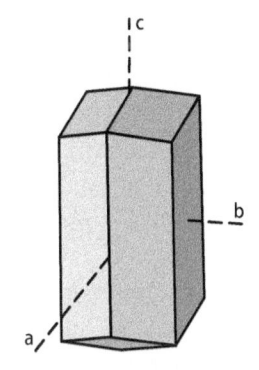

Fig. 3.8 Cristal de actinolita. Sistema monoclínico. Mineral do grupo do anfibólio, comum em cristais aciculares até fibrosos de aspecto sedoso. A variedade fibrosa é um tipo de asbesto (amianto) e a variedade compacta é conhecida como nefrita ou jade

ALBITA (feldspato calcossódico) - É o termo inicial da série isomórfica albita-anortita, sendo o $NaAlSi_3O_8$ o membro sódico. Geralmente em cristais tabulares, às vezes alongados segundo o eixo b; frequentemente maclada; clivagem perfeita até boa; incolor ou leitosa, às vezes esverdeada ou amarelada. Presente em todos os tipos de rocha (Fig. 1.5f).

ALLANITA ou ORTITA (epídoto) - Em geral, de cor castanha ao preto do piche; dureza 5 a 6,5; densidade 3,4 a 4,2; clivagem imperfeita (001); raramente transparente, é reconhecida por ser um produto de alteração castanho-amarelado e por ser levemente radioativa. Um mineral acessório comum nos granitos e nas rochas metamórficas correspondentes (Fig. 3.9).

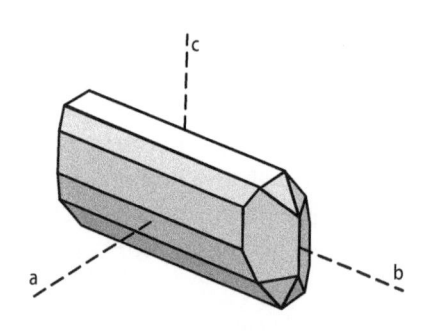

Fig. 3.9 Cristal de allanita ou ortita. Sistema monoclínico. Mineral do grupo do epídoto. Encontrado em rochas ígneas (granito, pegmatito etc.); comumente maciço e em grãos embutidos. A allanita produz uma auréola de alteração nos minerais que estão em contato com ela

ALMANDINA (granada) - Mineral de cor vermelho-intensa ou vermelho-acastanhada; translúcida a transparente; dureza 7; densidade 4,1 a 4,3; fratura subconchoidal. Sua composição química é $Fe_3Al_2(SiO_4)_3$. É a granada mais importante do ponto de vista industrial, usada como gema e abrasivo. Encontrada em micaxistos e em outras rochas de metamorfismo regional.

AMETISTA (quartzo) - Variedade cristalina de quartzo de cor violeta ou purpúrea, em razão de impureza de ferro férrico (Fe^{3+}). Usada em joias e como pedra ornamental.

ANDALUZITA - Silicato de alumínio – Al_2SiO_5. Ocorre em prismas quase quadrados nas cores marrom, amarela, verde, vermelha ou cinzenta; dureza 7 a 7,5; densidade 3,1 a 3,2; clivagem bastante nítida em uma direção e fratura irregular a subconchoidal nas demais; brilho fosco.

Mineral encontrado em rochas metamórficas resultantes do metamorfismo de rochas argilosas; também encontrada em xistos e gnaisses (Fig. 3.10).

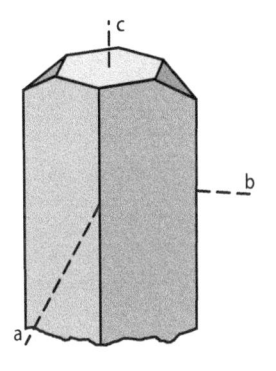

Fig. 3.10 Cristal de andaluzita. Sistema ortorrômbico. Mineral do grupo Al_2SiO_5 dos nesossilicatos. Usualmente em prismas quase quadrados, terminados por um pinacoide basal. A andaluzita forma-se por metamorfismo de folhelhos e ardósias aluminosas

ANDRADITA (granada) - Mineral de cor de vários matizes, do amarelo, verde, pardo ao preto. Dureza 6 a 7,5; densidade 3,7 a 3,9; fratura subconchoidal, irregular, às vezes em degraus. Sua composição química é $Ca_3Fe_2(SiO_4)_3$. A andratita pode ser usada como gema e abrasivo. É formada por metamorfismo de contato sobre calcários. Seu nome é uma homenagem ao mineralogista brasileiro José Bonifácio de Andrada e Silva, mais conhecido por sua atuação política com o título de Patriarca da Independência.

ANFIBÓLIOS (família dos) - Os anfibólios são silicatos hidratados, complexos, em cadeias duplas, contendo cálcio, magnésio, ferro e alumínio. Cristalizam-se nos sistemas cristalinos ortorrômbico e/ou monoclínico; os mais raros são triclínicos. São de cor verde a preta, brilho vítreo, dureza 5 a 6, densidade 2,9 a 3,8 e duas clivagens em ângulos oblíquos (125º). Os anfibólios podem ser divididos em três grupos: ferromagnesianos, cálcicos e sódicos. Os principais anfibólios ferromagnesianos são a antofilita - $(Mg,Fe)_7Si_8O_{22}(OH)_2$ - e a gedrita - $(Mg,Fe)_5Al_2Si_6Al_2O_{22}(OH)_2$. Esses anfibólios estão restritos às rochas metamórficas e são os menos abundantes dos três grupos de anfibólios. Os anfibólios cálcicos mais comuns são a tremolita - $Ca_2Mg_5Si_8O_{22}(OH)_2$ - e a actinolita - $Ca_2(Mg,Fe)_5Si_8O_{22}(OH)_2$. Entre os anfibólios, tanto do ponto de vista de espécies distinguíveis quanto de quantidade, os cálcicos são os mais abundantes. Eles ocorrem numa ampla variedade de ambientes geológicos, incluindo mármores, tipos metamórficos regionais de grau médio e de contato, como um constituinte primário de rochas ígneas plutônicas e, menos comumente, em rochas vulcânicas. Os anfibólios sódicos mais comuns são o glaucofânio – $Na_2(Mg,Fe)_3Al_2Si_8O_{22}(OH)_2$ – e a riebeckita – $Na_2(Fe,Mg)_5Si_8O_{22}(OH)_2$. Os anfibólios sódicos ricos em alumínio estão praticamente confinados às paragêneses apropriadas da fácies metamórfica dos xistos azuis. Por outro lado, os anfibólios sódicos ricos em ferro ocorrem em rochas ígneas e gnaisses, em rochas metamórficas de baixo grau e até como minerais autigênicos.

ANIDRITA (sulfato) - A anidrita é o sulfato de cálcio anidro – $CaSO_4$. É um mineral de cor branca ou clara, que ocorre em massas granulares a compactas, formando camadas. Brilho vítreo a nacarado; clivagem perfeita em três direções; dureza 3 a 3,5; densidade 2,9 a 3. Encontrada principalmente em rochas sedimentares evaporíticas. Pode ocorrer em calcários e, às vezes, em cavidades de basaltos.

ANORTITA (feldspato calcossódico) - É o termo final da série isomórfica albita-anortita, sendo o $CaAl_2Si_2O_8$ o membro cálcico. Mineral de cor branca, cinza ou avermelhada. Ocorre principalmente em rochas ígneas básicas e ultrabásicas.

ANTIGORITA (serpentina) - Silicato básico de magnésio – $Mg_3Si_2O_5(OH)_4$ – do grupo das serpentinas. Ocorre com hábitos em placas; brilho gorduroso, semelhante ao da cera; reconhecida por sua cor verde variegada.

ANTOFILITA (anfibólio) - Silicato básico de magnésio e ferro – $(Mg,Fe)_7Si_8O_{22}(OH)_2$ – do grupo dos asbestos anfibólicos. Geralmente encontrada formando massas fibrosas marrons, de brilho vítreo, translúcidas; dureza 5,5 a 6; densidade 2,8 a 3,6, que aumenta com o teor de ferro. É um mineral encontrado em rochas metamórficas (Fig. 3.11).

APATITA (fosfato) - $Ca_5(PO_4)_3(OH,F,Cl)$. Ocorre na forma de prismas alongados, às vezes como cristais aciculares e tabulares; transparente a translúcida; cor branca leitosa, azulada, esverdeada, amarela, castanha e cinza; brilho vítreo até fosco; fratura irregular; dureza 5; densidade 3,1 a 3,4. Encontrada em rochas ígneas (granitos e pegmatitos), metamórficas (gnaisses) e sedimentares de origem orgânica (Fig. 3.12).

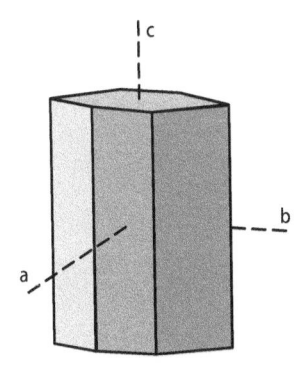

Fig. 3.11 Cristal de antofilita. Sistema ortorrômbico. Mineral do grupo do anfibólio. Geralmente forma massas fibrosas marrons. Encontrado em rochas metamórficas

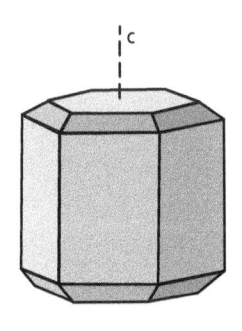

Fig. 3.12 Cristal de apatita. Sistema hexagonal. Comumente em cristais de hábito prismático. Mineral acessório em todas as classes de rochas ígneas, sedimentares e metamórficas

ARAGONITA - É o carbonato de cálcio ortorrômbico – $CaCO_3$. Ocorre em cristais prismáticos, aciculares ou em maclas pseudo-hexagonais. Frequentemente em massas colunares retas ou divergentes; eventualmente globulares e fibrosas. Transparente a translúcida; incolor, branca ou em tons pálidos; brilho vítreo a resinoso; clivagem imperfeita (010) e fratura irregular a subconchoidal nas demais direções; dureza 3,5 a 4; densidade 2,95. Encontrada em depósitos de fontes quentes, em estalactites e em pérolas de cavernas.

AUGITA (piroxênio) - Usualmente em prismas curtos, espessos; clivagem difícil em duas direções; brilho fosco a acetinado; cor verde-escura, castanha e principalmente preta; dureza 5 a 6; densidade 3,2 a 3,6. Ocorre em rochas ígneas ferromagnesianas (fêmicas).

BIOTITA (mica preta) - $K(Mg,Fe)_3(AlSi_3O_{10})(OH)_2$. Forma cristais em escamas, placas ou livros; clivagem perfeita em uma direção; possui cor que varia do verde-escuro ao castanho, até preto; brilho reluzente; dureza 2,5 a 3; densidade entre 2,8 e 3,2. Cristaliza-se no sistema monoclínico. É um dos minerais mais abundantes na natureza, ocorrendo em rochas ígneas, metamórficas e sedimentares (Fig. 3.13).

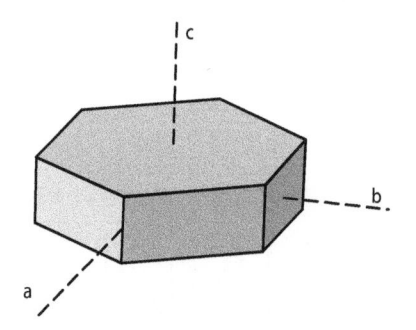

Fig. 3.13 Cristal de biotita. Sistema monoclínico. Mineral do grupo das micas. Em cristais tabulares ou prismas curtos, com clivagem basal nítida. A biotita é um mineral formador de rocha importante e amplamente distribuído. Encontrada em rochas ígneas, sedimentares, metamórficas e em sedimentos inconsolidados

CALCEDÔNIA - Variedade criptocristalina de quartzo. A calcedônia deposita-se a partir de soluções aquosas e é frequentemente encontrada revestindo ou preenchendo cavidades nas rochas. Em geral, tem estrutura fibrosa; cor variável; brilho céreo; dureza 7; densidade 2,5 a 2,6; transparente a translúcida. Existem diversas variedades, com nomes próprios.

CALCITA - Carbonato de cálcio – $CaCO_3$. É um mineral muito difundido, que ocorre em massas granulares ou cliváveis. Sua forma fundamental é, entretanto, a do romboedro, que se reconhece na clivagem perfeita de suas faces. Cresce em cavidades, originando cristais pontiagudos. Por ser um carbonato, efervesce em ácidos diluídos. Sua cor varia de incolor a branca, mas várias outras tonalidades podem ser encontradas. Seu brilho é vítreo e terroso; dureza 3; densidade 2,7. A calcita é encontrada como um mineral predominante no calcário (rocha sedimentar) e no mármore (rocha metamórfica). Ela é um mineral importante das margas e arenitos calcários. Nas cavernas de rochas carbonatadas, as águas calcárias, ao evaporarem-se, muitas vezes depositam a calcita sob a forma de estalactites, estalagmites e incrustações (Fig. 2.1d).

CANCRINITA (feldspatoide) - É um mineral raro, semelhante à nefelina em ocorrências e associações. Geralmente em massas translúcidas e transparentes, de cores variadas. Encontrada em rochas ígneas, especialmente em nefelinassienitos.

CAULINITA (grupo da) - A caulinita é um silicato complexo de alumínio hidratado, que se cristaliza no sistema monoclínico. Sua cor é branca; brilho terroso, opaco e nacarado; untuosa ao tato e plástica quando molhada; dureza 2 a 2,5; densidade 2,6 a 2,63. A fórmula química da caulinita é $Al_4(Si_4O_{10})(OH)_8$. A argila comum compõe-se de alguns dos minerais formadores do solo, dos quais a caulinita é a mais conhecida pelo nome.

CIANITA ou DISTÊNIO - Silicato de alumínio - Al_2SiO_5 - caracterizado por seus cristais laminados, com boa clivagem, cor azul, e pelo fato de ser mais mole que a lâmina de um canivete na direção paralela ao comprimento, porém mais duro na direção que forma ângulos retos com o comprimento. Dureza 5 (paralelamente ao comprimento dos cristais) e 7 (em ângulos retos com essa direção). Densidade 3,6 a 3,7; brilho vítreo a nacarado. Usualmente de cor azul, muitas vezes de tonalidade escura em direção ao centro do cristal. A cianita é um mineral acessório no gnaisse e no micaxisto.

CLINOZOISITA (epídoto) - Silicato de alumínio e cálcio hidratado - $Ca_2Al_2Si_3O_{12} \cdot (OH)$ - do grupo do epídoto. Ocorre em cristais prismáticos; sua cor varia entre branca, cinzenta, verde ou rosada; polimorfo da zoisita. Ocorre geralmente em xistos cristalinos que derivam por metamorfismo de uma rocha ígnea escura contendo feldspato cálcico.

CLORITA (grupo da) - As cloritas são silicatos de magnésio e alumínio hidratados, de cor verde-clara a preto-esverdeada; brilho vítreo (sedoso a nacarado); dureza 2 a 3; densidade 2,6 a 3,3; clivagem em lâminas, frequentemente curvas em uma direção, flexíveis mas não elásticas. Ela é encontrada em ardósias, xistos, rochas alteradas hidrotermalmente e superfícies de espelhos de falhas. Nesse grupo estão incluídos os minerais clinocloro, peninita e proclorita, que se desenvolvem em massas lamelares. É mineral que lembra a mica verde e se apresenta em palhetas, cliváveis e pouco duras, flexíveis mas não elásticas. Produto de alteração típica dos feldspatos, anfibólios e piroxênios. Portanto, a clorita é usualmente encontrada onde as rochas contendo esses minerais sofreram uma alteração metamórfica. Alguns xistos são compostos quase inteiramente de clorita. A cor verde de muitas rochas ígneas explica-se pela presença de clorita, na qual se alteram os silicatos ferromagnesianos. A cor verde de muitos xistos e ardósias deriva das partículas do mineral finamente disseminadas.

CORDIERITA - $Mg_2Al_3(AlSi_5O_{18})$. Ocorre em prismas curtos, pseudo-hexagonais; transparente a translúcida; cor azul ou amarelada; brilho vítreo; fratura subconchoidal; dureza 7 a 7,5; densidade 2,5 a 2,8. Encontrada em rochas metamórficas de contato e regional (Fig. 3.14).

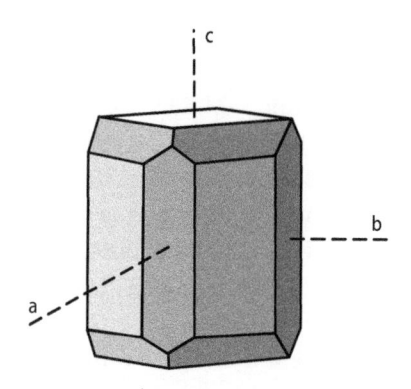

Fig. 3.14 Cristal de cordierita. Sistema ortorrômbico. Mineral do grupo do berilo. Forma prismas curtos, pseudo-hexagonais. É indicador de metamorfismo de temperatura alta e pressão baixa

CORINDON - Al_2O_3. Ocorre em prismas alongados, em pirâmides e, mais raramente, na forma tabular; transparente a opaco; cor muito variável, desde incolor, amarelo, vermelho (rubi), azul (safira), verde, cinza até preto; brilho vítreo a adamantino; fratura irregular; partição romboédrica, frequente; dureza 9; densidade 3,95 a 4. Encontrado em rochas saturadas em alumínio e pobres em sílica (Fig. 3.15).

CRISOTILA (serpentina) - Silicato de alumínio básico de magnésio – $Mg_3Si_2O_5(OH)_4$ – do grupo das serpentinas. Ocorre com hábito fibroso, com fibras de comprimento variável; brilho sedoso; sua cor varia – branca, cinza ou esverdeada. É a mais importante variedade das espécies de amianto. Encontrada em rochas ígneas e metamórficas.

CRISTAL DE ROCHA - Variedade cristalina de quartzo incolor que, comumente, ocorre em cristais bem desenvolvidos. Comercialmente conhecido como "cristal".

DIOPSÍDIO (piroxênio) - Comum em prismas curtos, espessos; clivagem difícil em duas direções; brilho fosco a acetinado; cor verde-amarelo--escura; característico em rochas metamórficas de contato (Fig. 3.16).

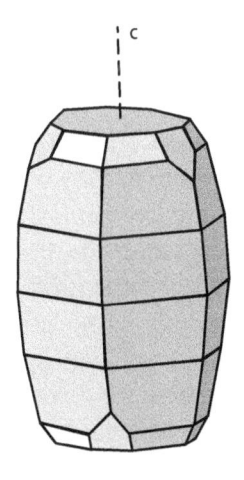

Fig. 3.15 Cristal de corindon. Sistema hexagonal-R. Cristais em prismas alongados, em pirâmides e, às vezes, tabulares. Mineral acessório em rochas metamórficas e ígneas. Comum em sedimentos detríticos

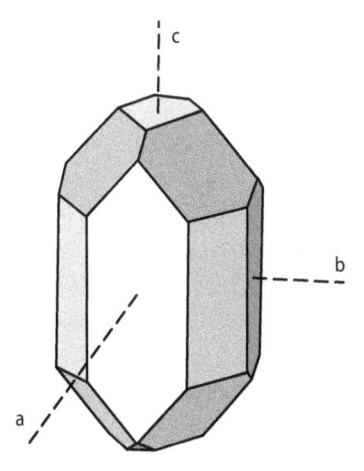

Fig. 3.16 Cristal de diopsídio. Sistema monoclínico. Mineral do grupo do piroxênio. Em cristais prismáticos, alongados ou maciços, às vezes lamelares. Característico de rochas metamórficas de contato sobre calcário

DOLOMITA - Carbonato de cálcio e magnésio – $CaMg(CO_3)_2$. É um mineral semelhante à calcita, mas efervesce menos prontamente, a não ser quando pulverizada ou aquecida. É encontrada em massas granulares e também com cristais de faces curvas; sua cor é branca, cinza e rósea; brilho vítreo, nacarado; dureza 3,5 a 4; densidade 2,8. Encontrada em rochas sedimentares e metamórficas.

EGIRINA (piroxênio) - Silicato de sódio e ferro – $NaFe(SiO_3)_2$ - do grupo dos piroxênios. Forma geralmente cristais prismáticos pretos; dureza 6 a 6,5; densidade 3,5 a 3,6; brilho vítreo; boa clivagem prismática. Ocorre em rochas ricas em sódio e pobres em sílica, como sienitos nefelínicos, a biotita e seus equivalentes.

ENSTATITA (piroxênio) - Silicato de magnésio – $Mg_2Si_2O_6$ – do grupo do piroxênio. A enstatita tem cor cinza-claro, amarelada, verde--oliva ou marrom. Forma cristais prismáticos (raros); brilho vítreo a nacarado; dureza 5 a 6; densidade 3,3 a 3,5; clivagem boa, quase em ângulo reto. Encontrada em rochas ígneas básicas e intermediárias e em meteoritos.

EPÍDOTO (grupo do) - O grupo do epídoto é constituído por vários silicatos complexos de alumínio e cálcio, como: clinozoisita, epídoto e allanita. O epídoto é um silicato de cálcio, alumínio e ferro, hidratado – $Ca_2(Al,Fe)_3Si_3O_{12}(OH)$ –, que possui dureza 6, densidade 3,35 a 3,45 e brilho vítreo. A cor varia do verde-amarelado ao verde-escuro e, em alguns espécimes, do cinza ao preto. Transparente a translúcido, sendo as espécies transparentes muitas vezes dicroicas, exibindo cor verde--escura em uma direção e castanha em outra, formando ângulos retos com a primeira. O epídoto ocorre usualmente nas rochas cristalinas, como o gnaisse, o anfibolito e vários xistos, nos quais é o produto de alteração de minerais como feldspatos, piroxênios, anfibólios e biotita. Associado muitas vezes com a clorita. Formado frequentemente também durante o metamorfismo de um calcário impuro, sendo especialmente característico dos depósitos metamórficos de contato no calcário.

ESPESSARTITA (granada) - Mineral de cor acastanhada ao vermelho; dureza 7; densidade 4,2; brilho vítreo; fratura conchoidal. Sua composição é $Mn_3Al_2(SiO_4)_3$. Pode ter até 31% de Mn, e é protominério desse metal. Ocorre em granitos e pegmatitos.

ESTAUROLITA - Silicato de alumínio e ferro, de fórmula geral $Fe_2Al_9Si_4O_{23}$, reconhecido por seus cristais prismáticos achatados e geminados característicos (em cruz). Densidade 7 a 7,5; dureza 3,65 a 3,75. Brilho resinoso a vítreo em material puro e recente; muitas vezes opaco a terroso, quando alterado ou impuro. Cor castanho-vermelha a preto-acastanhada. Translúcida. Encontrada em xistos cristalinos e ardósias e, em alguns casos, em gnaisses (Fig. 1.5d).

FAIALITA (olivina) - Silicato de ferro – Fe_2SiO_4 – do grupo da olivina. Membro final da série isomórfica forsterita-faialita. Forma cristais marrons a pretos. Encontrada principalmente em rochas ígneas.

FELDSPATOIDES (família dos) - Os feldspatoides são, como os feldspatos, silicatos de alumínio, com sódio, cálcio e potássio. Por vezes acompanham os feldspatos ou substituem-nos na constituição de certas rochas eruptivas, mas são incomparavelmente menos comuns do que estes. Os feldspatoides mais importantes são a nefelina, a leucita e a sodalita.

FELDSPATOS (grupo dos) - Os feldspatos constituem quase a metade dos minerais da crosta terrestre. São silicatos de alumínio de duas espécies principais: feldspato potássico e feldspato calcossódico. Os feldspatos comuns podem ser considerados como soluções sólidas dos três componentes: ortoclásio, albita e anortita. A albita e a anortita formam uma série de solução contínua em todas as temperaturas (série do plagioclásio). A anortita e o ortoclásio exibem solução sólida muito limitada, e a albita e o ortoclásio formam uma série contínua em temperaturas elevadas, que se torna descontínua em temperaturas mais baixas.

FELDSPATO CALCOSSÓDICO - O feldspato calcossódico, chamado plagioclásio (triclínico), é arbitrariamente dividido em seis subespécies (albita – $NaAlSi_3O_8$ –, oligoclásio, andesina, labradorita, bytownita e anortita – $CaAl_2Si_2O_8$). Os vários membros da série dos plagioclásios são misturas isomorfas dos dois termos extremos: albita e anortita. Sua cor varia de branca até cinza-escuro; brilho vítreo a perolado; dureza 6,5; duas clivagens, quase em ângulos retos; densidade 2,59 a 2,76. Os plagioclásios são geralmente reconhecidos por estriações finas (linhas paralelas) à superfície de clivagem, que são decorrentes da geminação. Encontram-se feldspatos em quase todas as rochas eruptivas e em todas as que resultam de sua transformação (metamorfismo) ou destruição (erosão).

FELDSPATO POTÁSSICO - O feldspato potássico, chamado ortoclásio (monoclínico) ou microclínio (triclínico), possui fórmula geral $KAlSi_3O_8$; brilho vítreo a nacarado; cor rósea ao cinza; duas clivagens em ângulos retos (ortoclásio) ou em ângulos quase retos (microclínio); densidade 2,54 a 2,57; dureza 6.

FLOGOPITA ou MICA DOURADA - $K(Mg, Fe)_3(AlSi_3O_{10})(OH)_2$. Mineral do grupo das micas. É de cor pardo-amarelada, verde até branca; brilho vítreo a nacarado; dureza 2,5 a 3; densidade 2,86. Cristaliza-se no sistema monoclínico. Geralmente encontrada em calcários cristalinos como produto de dedolomitização.

FORSTERITA (olivina) - Silicato de magnésio – Mg_2SiO_4 – do grupo da olivina. Mineral inicial da série isomórfica forsterita-faialita. De ordinário, em grãos incluídos ou em massas granulares. Brilho vítreo; dureza 6,5 a 7; densidade 3,2. Mais comum do que a faialita. Encontrada em rochas ígneas e, principalmente, em calcários cristalinos e dolomitos metamórficos.

GIPSO (sulfato) - O gipso ou gesso é um sulfato de cálcio hidratado – $CaSO_4 \cdot 2H_2O$. É um produto de evaporação. Ocorre em alguns hábitos, incluindo o espato cetinoso, o alabastro compacto e a selenita. Encontra-se em grandes depósitos sedimentares, formados por precipitações com base em águas salgadas que se evaporam sob a influência de um clima seco. Sua cor é branca; brilho vítreo a nacarado; dureza 2; densidade 2,3 a 2,4; clivagem perfeita numa direção (Fig. 3.17).

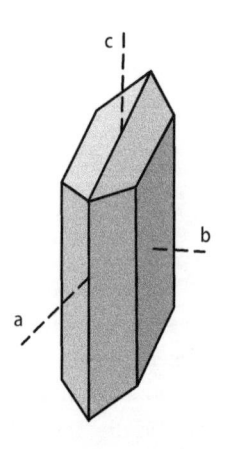

Fig. 3.17 Cristal de gipso. Sistema monoclínico. Os cristais são de hábitos prismáticos. Cristais geminados são comuns. Mineral amplamente distribuído em rochas sedimentares

GLAUCOFÂNIO ou GLAUCÓFANA (anfibólio sódico) - $Na_2Mg_3Al_2(Si_8O_{22})(OH)_2$. Ocorre em prismas levemente estriados e clivagem nítida em ângulo de 124°; transparente a translúcido; cor azul-clara a azul-escura, às vezes incolor; brilho vítreo; dureza 6; densidade 3 a 3,3. Encontrado em xistos cristalinos como produto de metamorfismo regional sobre rochas ígneas sódicas.

GRANADAS (grupo das) - São silicatos com a mesma fórmula geral, embora os elementos presentes sejam completamente diferentes (cálcio, magnésio, ferro ferroso e férrico, manganês bivalente, alumínio, titânio e cromo). Cristalizam-se no sistema cúbico, sendo comum as formas dodecaedro e trapezoedro, muitas vezes em combinação. A dureza (6,5 a 7,5) e a densidade (3,5 a 4,3) variam com a composição, assim como a cor (vermelha, castanha, amarela, branca, verde e negra). Brilho vítreo a resinoso; traço branco; transparentes a translúcidas. Encontradas em rochas cristalinas e como grãos detríticos. Os principais tipos (subespécies) de granadas são: almandina, espessartita, piropo, grossulária, andradita e uvarovita.

GROSSULÁRIA (granada) - Mineral de cor branca, verde, amarela, castanha e vermelho-pálida. Transparente a translúcida; brilho vítreo; fratura irregular; dureza 6; densidade 3,4 a 3,6. Sua composição é $Ca_3Al_2(SiO_4)_3$. Ocorre em calcários impuros que sofreram metamorfismo de contato. Usada como gema.

HALITA ou SAL-GEMA - É o cloreto de sódio – NaCl –, isto é, o nome do mineral para o sal comum (sal de cozinha). Seu sabor salgado é uma propriedade distintiva. Provém sempre da evaporação da água do mar. Sua cor varia de incolor a branca; brilho graxo; dureza 2,5; densidade 2,1 a 2,3. Possui clivagem cúbica perfeita, em três direções. É frágil, transparente e solúvel em água. Encontrado em evaporitos (tipo de rocha sedimentar química).

HIPERSTÊNIO (piroxênio) - Silicato de magnésio e ferro – $(Mg,Fe)SiO_3$. Sua cor varia entre cinza, esverdeada, preta ou amarronzada; dureza 5 a 6; densidade 3,4 a 3,7; clivagem boa, quase em ângulo reto.

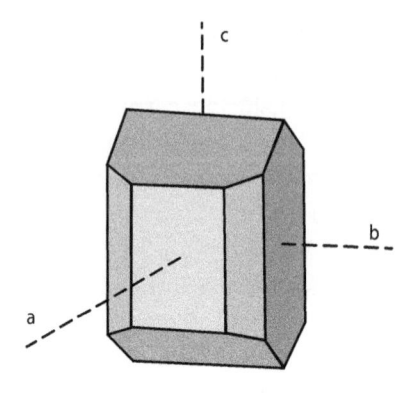

Fig. 3.18 Cristal de hiperstênio. Sistema ortorrômbico. Mineral do grupo do piroxênio. Em cristais prismáticos ou tabulares. Constituinte essencial em muitas rochas ígneas (gabros, andesitos etc.). Também presente em algumas rochas metamórficas (charnoquitos)

Constituinte essencial de gabros, andesitos e outras rochas ígneas. Presente também em algumas rochas metamórficas, como os charnoquitos (Fig. 3.18).

HORNBLENDA - O mais comum dos anfibólios. Em prismas longos em forma de lâminas; clivagem perfeita em duas direções, formando ângulo de 124º; dureza 5 a 6; densidade 3 a 3,5; brilho vítreo, às vezes acetinado. A cor varia do castanho-escuro e verde ao preto. Mineral típico de rochas metamórficas, produto de alteração de piroxênios. Principal constituinte dos anfibolitos. Presente também em rochas ígneas ácidas e intermediárias e como grãos detríticos (Fig. 3.19).

LEPIDOLITA ou MICA DE LÍTIO - $K_2LiAl_3(AlSi_3O_{10})(O,OH,F)_4$. É de cor rósea ou lilás a branco-acinzentada; translúcida; usualmente em placas pequenas ou prismas com contorno hexagonal. Encontrada em pegmatitos.

LEUCITA (feldspatoide) - A leucita – $KAlSi_2O_6$ – geralmente contém um pouco de sódio. É um mineral que ocorre na forma de cristais trapezoidais, semelhantes aos de granada, estriados, com clivagem dodecaédrica. Em geral, de cor

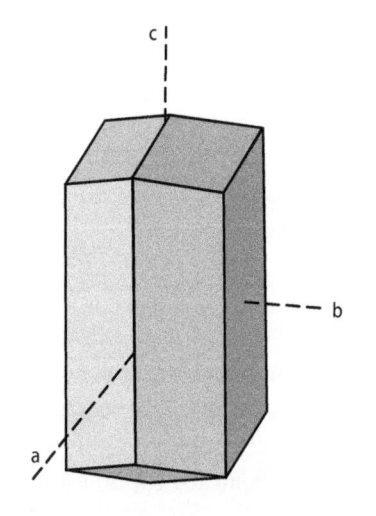

Fig. 3.19 Cristal de hornblenda. Sistema monoclínico. Mineral do grupo do anfibólio. Em cristais prismáticos alongados na direção do eixo c, às vezes fibrosos, aciculares até maciços. Principal mineral dos anfibolitos

branca a cinzenta. Importante constituinte de rochas alcalinas, especialmente vulcânicas. Pseudoleucitas, pseudomorfos de uma mistura de nefelina, ortoclásio e analcima, são encontradas com frequência em sienitos.

MAGNESITA - Carbonato de magnésio – $MgCO_3$. Mineral encontrado em massas terrosas, em geral produto de alteração de calcários e dolomitos por soluções magmáticas ou de rochas ricas em silicato de magnésio. Sua cor pode ser branca, cinzenta, amarela ou marrom; brilho vítreo; dureza 3,5 a 4; densidade 2,9 a 3,2.

MICAS (grupo das) - As micas são silicatos hidratados, de estrutura em folhas, contendo potássio, magnésio, ferro, alumínio etc. As micas formam um grupo de minerais fáceis de reconhecer pela clivagem, que permite separá-las em lâminas flexíveis tão delgadas quanto uma folha de papel. Os principais minerais desse grupo são: moscovita, biotita, flogopita, sericita e lepidolita. Os membros mais comuns do grupo são a moscovita e a biotita, ambas notadas por sua clivagem extraordinariamente fácil, em lâminas. São comumente minerais formadores de rochas. As micas encontram-se sob a forma de pequenos cristais nos granitos e rochas metamórficas, mas também podem formar depósitos econômicos, como nos pegmatitos.

MICROCLÍNIO (feldspato) - É um feldspato potássico. Comum em rochas graníticas e pegmatitos. A variedade verde ou verde-azulada, encontrada em pegmatitos, é denominada amazonita.

MOSCOVITA ou MUSCOVITA (mica) - $KAl_2(AlSi_3O_{10})(OH)_2$. Também chamada de mica branca, mica comum, malacacheta ou mica potássica. Geralmente incolor até verde, esbranquiçada ou marrom-clara; de brilho vítreo, sedoso ou nacarado; dureza 2 a 3; densidade 2,76 a 3,1. Caracteriza-se por sua clivagem perfeita, separando-se em placas ou folhas com facilidade. Cristaliza-se no sistema monoclínico. É um mineral muito comum em gnaisses, xistos, granitos e pegmatitos (Fig. 2.1a).

NEFELINA (feldspatoide) - $(Na,K)AlSiO_4$. O mais comum dos feldspatoides. Cristaliza-se no sistema hexagonal, em prismas curtos. Raras vezes é encontrada nas rochas com forma cristalina bem desenvolvida; geralmente se apresenta em grãos irregulares ou em massas. Possui fratura conchoidal e é solúvel em ácido clorídrico, originando sílica gelatinosa. Fusível ao maçarico; dureza 5,5 a 6; densidade 2,56 a 2,66. Ocorre nas rochas eruptivas ricas em álcalis e relativamente pobres em sílica – rochas alcalinas –, como os sienitos nefelínicos, de que é exemplo o foiaíto. A nefelina altera-se em cancrinita (hidrossilicato de sódio, cálcio e alumínio), $(Na_2,Ca)_4(AlSiO_4)_6CO_3 \cdot nH_2O$, geralmente em massas translúcidas a transparentes de cores variadas (Fig. 3.20).

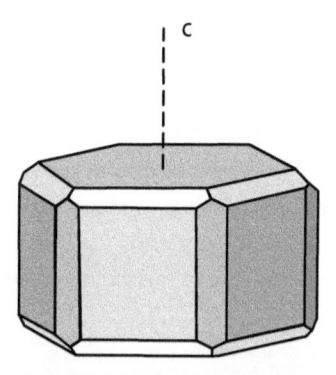

Fig. 3.20 Cristal de nefelina. Sistema hexagonal. Mineral do grupo dos feldspatoides. Em prismas curtos. Ocorre em rochas ígneas alcalinas (sienitos, nefelinassienitos, foiaítos etc.).

OLIVINAS (grupo das) - São silicatos de magnésio e ferro ferroso, de cor entre verde-oliva e verde-esmeralda; brilho vítreo; dureza 6,5 a 7; densidade 3,27 a 4,37; fratura irregular. Cristaliza-se no sistema ortorrômbico. Geralmente em massas irregulares e em grãos irregulares. As olivinas são de composição geral $(Mg,Fe)_2SiO_4$, sendo o seu membro mais magnesiano a forsterita – Mg_2SiO_4 – e o mais ferroso a faialita – Fe_2SiO_4. As olivinas são encontradas nas rochas ígneas ricas em magnésio e pobres em quartzo, como os basaltos, os gabros e os peridotitos, assim como nos dolomitos (rochas metamórficas). A variedade de olivina verde, transparente, é conhecida como peridoto e usada como gema.

ORTOCLÁSIO (feldspato) - É um feldspato potássico. Usualmente em cristais iguais, placas e ripas; clivagem em duas direções, quase em ângulos de 90º; dureza 6; densidade 2,5 a 2,63; brilho vítreo, perláceo até porcelânico; incolor, branco, cinza-amarelado, castanho-amarelado-pálido, castanho-claro e róseo-avermelhado (róseo cor de carne); frequentemente geminado; abundante nas rochas como grãos desprovidos de forma. Comum em rochas ígneas, metamórficas e como grãos detríticos (Fig. 2.1b).

PERIDOTO (olivina) - Variedade verde, transparente, de olivina. Brilho vítreo; fratura conchoidal; cor verde e natureza granular. Mineral formador de rochas ígneas básicas, ferromagnesianas.

PIROPO (granada) - Mineral de cor vermelho-intensa a quase preta. Dureza 7,5; densidade 3,5 a 3,6; fratura conchoidal. Sua composição é $Mg_3Al_3(SiO_4)_3$. Raramente em cristais. Ocorre principalmente em rochas ígneas. Usado como gema e abrasivo. É a granada preferida para emprego em joias, por ser a de maior dureza.

PIROXÊNIOS (família dos) - Os piroxênios são silicatos complexos, em cadeias simples, contendo cálcio, magnésio, alumínio e sódio. Cristalizam-se nos sistemas ortorrômbico e monoclínico; são de brilho fosco até vítreo; dureza 5 a 6; densidade 3,1 a 3,6; clivagem em duas direções, aproximadamente em ângulos retos. O membro mais frequente da família dos piroxênios, encontrado nas rochas, é a augita – (Ca,Na)$(Mg,Fe^{2+},Fe^{3+},Al)(Si,Al)_2O_6$ –, que ocorre em prismas curtos (cristais) e massas irregulares. Outros membros incluem a enstatita – $Mg_2(Si_2O_6)$ –, o hiperstênio – $(Fe,Mg)_2(Si_2O_6)$ –, o diopsídio – $CaMg(Si_2O_6)$ –, a egirina – $NaFe(Si_2O_6)$ – etc. Os piroxênios são encontrados nas rochas ígneas básicas e em certas rochas metamórficas. O diopsídio é um mineral característico de contato nos calcários cristalinos. A egirina é encontrada principalmente em rochas ricas em sódio e pobres em sílica, como o nefelinassienito e o fonólito.

PLAGIOCLÁSIOS (feldspato calcossódico) - Nome para uma série de minerais, variando da albita até a anortita. Usualmente em cristais iguais, placas e ripas; clivagens em duas direções, ligeiramente oblíquas; dureza 6; brilho vítreo, porcelânico; incolor, branco e cinza; geminados de albita frequentemente mostram estriações; jogo de cores. Comum em rochas ígneas e metamórficas.

QUARTZO (grupo da sílica) - O quartzo - SiO_2 - é, sem dúvida, uma das espécies mineralógicas mais comuns. Usualmente informe, sendo sua forma típica a de um prisma hexagonal com extremidades de pirâmide. Sua fratura é conchoidal ou irregular; dureza 7; densidade 2,65; brilho vítreo, às vezes graxo; incolor, branco, cinza, amarelo e várias outras cores. Invariavelmente brilhante. Mineral ubíquo. O quartzo exibe formas muito diferentes umas das outras, que recebem nomes distintos e podem ser agrupadas em variedades cristalinas e variedades criptocristalinas. São variedades cristalinas de quartzo: cristal de rocha ou quartzo hialino, ametista, quartzo-róseo, quartzo-leitoso. Entre as variedades criptocristalinas de quartzo, incluem-se a calcedônia e o sílex, que, quando se rompem, apresentam fratura conchoidal nítida, com arestas cortantes. Existem muitas outras variedades de quartzo. Constituinte das rochas eruptivas ácidas, entra também na composição de certas rochas sedimentares (arenito) e metamórficas (quartzito), que podem conter até 100% de quartzo. Encontra-se quartzo em filões e a encher cavidades ou geodos, onde forma os mais belos cristais. O quartzo tem muitos e variados usos. Quando em cristais sem defeito, é usado nas telecomunicações. Também é usado como gema ou material ornamental, na manufatura de vidros, como fundente, abrasivo, para fins ópticos etc. (Fig. 2.2).

QUARTZO HIALINO - O mesmo que cristal de rocha.

QUARTZO-LEITOSO - Variedade cristalina de quartzo de cor branca, leitosa, quase opaca; brilho graxo. A cor decorre de inclusões fluidas de pequenas dimensões.

QUARTZO-RÓSEO - Variedade cristalina de quartzo de cor rosada, provavelmente pela presença de manganês ou titânio. Geralmente maciço, de granulação grosseira e quase sempre sem forma geométrica definida. Usado para revestimento de paredes e em pequenas esculturas.

RIEBECKITA (anfibólio sódico) - Tem cor azul ou preta; dureza 4,5 a 5; densidade 3 a 3,4; clivagem nítida em ângulo de 124º. Ocorre em rochas ígneas sódicas pobres em sílica, como os nefelinassienitos. Autigênico em rochas sedimentares.

SERICITA (mica) - A sericita tem composição e propriedades semelhantes às da moscovita. Ocorre em algumas rochas xistosas sob a forma de agregados fibrosos e em escamas minúsculas que possuem brilho sedoso, mas não mostram plenamente a verdadeira natureza mineral. Usualmente é um produto de alteração de feldspatos. Comum em rochas metamórficas (xistos e filitos), zonas de falhas e veios de rochas diversas.

SERPENTINA - Silicato de magnésio hidratado – $Mg_6(Si_4O_{10})(OH)_8$ – que ocorre em dois hábitos distintos: uma variedade em placas, conhecida por antigorita, e outra fibrosa, denominada crisotila, que é uma espécie importante de amianto. Sua cor varia de um verde mais claro até verde-escuro; seu brilho é gorduroso (semelhante ao da cera, nas variedades maciças) e sedoso (nas variedades fibrosas); dureza 2 a 5, usualmente 4; densidade 2,2 a 2,65, sendo as variedades fibrosas menos densas que as maciças; fratura irregular. A serpentina é um mineral secundário que se encontra em rochas metamórficas. Em geral, um produto de alteração de alguns silicatos de magnésio, como olivina, piroxênio e anfibólio. Serpentinito é uma rocha constituída essencialmente de antigorita.

SIDERITA - Carbonato de ferro – $FeCO_3$. Mineral encontrado geralmente em romboedros que, quando aquecidos, tornam-se magnéticos. Sua cor é marrom-escura, marrom-amarelada ou vermelho-amarronzada; brilho vítreo a nacarado; dureza 3,5 a 4; densidade 3,8 a 3,9. Encontrada em veios e rochas sedimentares.

SÍLEX - Variedade criptocristalina de quartzo, em geral de cor escura. Usualmente ocorre em nódulos, no calcário.

SILLIMANITA - Al_2SiO_5. Ocorre em prismas estriados, às vezes fibrosos (fibrolita); transparente a translúcida; incolor, acinzentada, amarelada até esverdeada; brilho vítreo; clivagem perfeita (010) e fratura irregular na fibrolita; dureza 6,5 a 7,5; densidade 3,2 a 3,3. Encontrada em rochas metamórficas de alto grau (gnaisses, micaxistos, leptinitos e granulitos).

SODALITA (feldspatoide) – A sodalita – $Na_4Al_3Si_3O_{12}Cl$ –, geralmente de cor azul, é um mineral encontrado em rochas alcalinas associado a outros feldspatoides.

TALCO - Silicato de magnésio hidratado – $Mg_3Si_4O_{10}(OH)_2$ – caracterizado por seu hábito micáceo, sua clivagem, sua dureza muito baixa e sua sensação untuosa ao tato. Séctil; brilho nacarado e gorduroso. Cor verde de maçã, cinza da prata; às vezes cinza-escuro ou verde. Translúcido, o talco é um mineral formado pela alteração dos silicatos de magnésio: olivinas, piroxênios e anfibólios. Encontrado nas rochas ígneas, por causa da alteração desses silicatos, especialmente nos peridotitos e piroxenitos. Contudo, é encontrado de maneira mais característica nas rochas metamórficas, nas quais, sob a forma granular – a criptocristalina –, é conhecido por pedra-sabão ou esteatito, podendo constituir quase toda a massa da rocha. Sua ocorrência também é possível como constituinte proeminente nas rochas xistosas, entre as quais o talcoxisto.

TREMOLITA (anfibólio cálcico) - Forma prismas longos em forma de lâminas; duas clivagens oblíquas; dureza 5 a 6; densidade 3 a 3,1; brilho acetinado; branca, cinza ou amarelada. Encontrada em xistos e em calcários submetidos ao metamorfismo de contato.

UVAROVITA (granada) - Mineral de cor verde-esmeralda. Sua composição é $Ca_3Cr_2(SiO_4)_3$. Brilho vítreo; fratura irregular; dureza 6,5 a 7,5; densidade 3,4. Geralmente em cristais muito pequenos e quase sempre impuros. Encontrada em depósitos cromíferos.

Recursos minerais 4

4.1 Depósitos minerais

Os depósitos ou jazidas minerais são concentrações de minerais na crosta da Terra que podem ser explorados economicamente. Quando esses depósitos não podem ser explorados de modo comercial, denominam-se ocorrências. Mina é a jazida em lavra, mesmo que suspensa.

Um minério é um mineral ou rocha que contém um metal ou um mineral explotável. O minério é a fonte donde se extraem os metais ou outras substâncias minerais não metálicas.

A origem dos depósitos minerais está intimamente ligada à origem das rochas e dos minerais. Assim, os depósitos minerais podem ser classificados como de origem magmática, sedimentar ou metamórfica.

Os depósitos minerais de origem magmática formam-se no decorrer do processo de consolidação do magma. De início, separam-se certos elementos por segregação na própria massa em fusão, dando origem aos depósitos de metais de cromo, titânio, minerais de platina, cobre, níquel e ferro. Numa fase posterior, resíduos magmáticos ricos em água e silicatos formam os pegmatitos graníticos, caracterizados pela textura de granulação grossa e formados essencialmente de quartzo, feldspatos alcalinos e micas, contendo frequentemente diversos minerais de valor econômico (moscovita, berilo, pedras coradas, tantalita, minerais de lítio etc.).

As emanações do magma, ricas em água e diversos mineralizadores, ao penetrar nas fendas das rochas envolventes da câmara magmática, formam veieiros hidrotermais de alta, média e baixa temperaturas, contendo minerais de estanho, ouro, chumbo, zinco, prata, cobre, mercúrio, antimônio etc.

Os gases magmáticos muitas vezes alcançam a superfície da crosta terrestre, formando os depósitos vulcânicos de sublimação contendo enxofre, boratos e fontes termais.

Ao penetrar nas rochas adjacentes, as emanações magmáticas promovem a formação das jazidas de metamorfismo pela combinação dos elementos do magma com os materiais das rochas encaixantes, formando jazidas metassomáticas.

Os processos de sedimentação levam à formação de jazidas pela acumulação de minerais ou de materiais orgânicos. Estes sofrem transformações químicas posteriores, originando os depósitos de turfa, sapropelito, linhito, carvão, petróleo e gás natural.

4.2 Recursos minerais metálicos

Os recursos minerais incluem as substâncias naturais inanimadas que podem ser utilizadas pelo homem, sejam elas orgânicas ou inorgânicas. Por sua vez, os recursos minerais metálicos incluem aquelas substâncias naturais das quais se podem extrair um ou mais metais. Esses elementos químicos podem ser divididos em duas classes, com base em sua ocorrência na crosta, a saber: aqueles relativamente abundantes (de abundância superior a 0,01%) e aqueles relativamente escassos (de abundância inferior a 0,01%).

A Tab. 4.1 mostra quais são os elementos de cada classe e sua abundância geoquímica na crosta terrestre, bem como o fator de concentração, em relação à média da crosta terrestre, necessário para a recuperação econômica desses metais. Observe que a abundância dos metais escassos na crosta é tão pequena que são necessárias concentrações muito superiores ao valor médio para a sua utilização econômica. Os metais abundantes requerem fator de concentração muito inferior para constituírem um minério rico.

4.2.1 Metais abundantes

Os metais abundantes são encontrados combinados com silício e oxigênio, formando silicatos (minerais formadores de rochas). Os silicatos são refratários e difíceis de decompor, constituindo fontes pouco desejáveis para a obtenção desses metais. Os minerais utilizados são aqueles que apresentam maior facilidade de recuperação dos metais; são óxidos, hidróxidos e carbonatos dos metais geoquimicamente abundantes. São metais abundantes na crosta terrestre o alumínio, o cromo, o ferro, o magnésio, o manganês e o titânio.

Alumínio - A única fonte comercial de alumínio é a bauxita. Trata-se de uma mistura de óxidos de alumínio hidratados: gibbsita – $Al(OH)_3$ –, boehmita – $AlO(OH)$ – e diásporo – $AlO(OH)$ –, somados aos constituintes amorfos (cliachita ou alumogel).

4 Recursos minerais

Tab. 4.1 METAIS ABUNDANTES E ESCASSOS NA CROSTA TERRESTRE

Metal	Quantidade do elemento na crosta (ppm)	Teores mínimos para utilização econômica
Metais abundantes		
Alumínio	81.330	30%
Cromo	200	30%
Ferro	50.000	25% a 30%
Magnésio	20.900	35%
Manganês	1.000	35%
Titânio	4.400	
Metais escassos		
Chumbo	15	2% a 4%
Cobre	45	0,5% a 1,5%
Estanho	3	1%
Mercúrio	0,5	0,2%
Molibdênio	1	0,25%
Nióbio	24	
Níquel	80	1% a 1,5%
Ouro	0,005	0,0008%
Platina	0,0005	0,0003%
Prata	1	0,01%
Tungstênio	1	1,35%
Urânio	2	0,1% a 0,18%
Zinco	65	2,5% a 4%

(Os teores mínimos referem-se ao total de metal contido no minério, necessário para a sua utilização comercial com a tecnologia atual.)

BAUXITA - Mistura de óxidos de alumínio, antes considerada espécie mineral. Formada por intemperismo sobre rochas aluminosas, por meio da lixiviação da sílica, em clima tropical ou subtropical. Sua estrutura pisolítica facilita sua identificação. São características da bauxita as cores branca, cinza e castanha; traço branco e brilho terroso; dureza 1 a 2,6; fratura irregular. No Brasil, podem-se distinguir duas amplas províncias bauxíticas que concentram a quase totalidade das ocorrências conhecidas. Uma, denominada Província Bauxítica do Sudeste, inclui as zonas sul e sudeste de Minas Gerais, incluindo o Quadrilátero Ferrífero e a Serra do Espinhaço, com destaque para as jazidas da região de Poços de Caldas, as do sul do Espírito Santo, as do Rio de Janeiro e as da parte leste de São Paulo. A outra região bauxítica, denominada Província Bauxítica da Amazônia Oriental, inclui os ricos depósitos encontrados no Estado do Pará (Oriximiná e Paragominas), os da parte oeste do Maranhão, os do leste do Amazonas e os do sul do Amapá.

CROMO - A cromita – $FeCr_2O_4$ – é o único mineral-minério para a obtenção do cromo metálico. Ela exibe fratura conchoidal, sem clivagem, sendo frágil e quebradiça; brilho metálico a submetálico, traço acastanhado-escuro; dureza 5,45 a 6; densidade 4,1 a 4,7; cores nas tonalidades escuras com tendência ao preto-acinzentado ou levemente castanho. Ocorre em rochas ígneas básicas ou ultrabásicas e em material detrítico. No Brasil, os principais depósitos e áreas de ocorrências de cromita são: na Bahia (vale do rio Jacurici e Serra de Jacobina); em Minas Gerais (Serra do Espinhaço e Piuí-Nova Rezende-Passos); no Ceará (Pedra Branca-Mombaça-Tauá); no Amapá (Mazagão); no Pará (Santana do Araguaia-Conceição do Araguaia); e em Goiás (Araguacema, Cromínia e Hidrolândia).

FERRO - Os principais minérios de ferro são a magnetita (Fe_3O_4), a hematita (Fe_2O_3), a limonita ($Fe_2O_3 \cdot nH_2O$) e a pirita (FeS_2). Podem também ser incluídas como minérios de ferro a ilmenita ($FeTiO_3$), a goethita ($Fe_2O_3 \cdot H_2O$) e a siderita ($FeCO_3$).

MAGNETITA - É o mais rico minério de ferro. Assim chamada por causa de sua propriedade de ser atraída por um ímã. Os cristais octaédricos são muito comuns, mas seu mineral usualmente forma massas granulares. Cor preta e traço preto; brilho metálico; dureza 6; densidade 5,2; fratura irregular.

HEMATITA - É o mais abundante minério de ferro e a causa majoritária da cor vermelha em rochas e solos. Ocorre frequentemente em formas maciças ou oolíticas, mas pode ser granular, fibrosa, micácea ou terrosa. Sua cor varia de castanho-avermelhada a cinza; seu traço é castanho-avermelhado (vermelho-sanguíneo); brilho metálico; dureza 5,5 a 6,5; densidade 4,9 a 5,3; fratura irregular.

LIMONITA - Nome geral para todos os óxidos de ferro hidratados, tanto cristalinos como amorfos. É um minério de ferro. As massas terrosas e compactas de limonita, frequentemente com hábitos arredondados e estalactíticos, são de ocorrência ampla. A limonita disseminada confere aos solos e rochas cor castanha, alaranjada e amarela. Sua cor varia de amarelada a castanho-escura; traço castanho-amarelado; brilho metálico, podendo ser terroso (não metálico); dureza 6 a 6,5; densidade 3,3 a 4,3; fratura irregular.

PIRITA ("ouro dos trouxas") - Muito comum em cristais estriados (lineados) e massas granulares, é frequentemente um minério de cobre e ouro, os quais estão presentes como impurezas químicas. Sua cor é a do amarelo-latão; traço preto; brilho metálico; dureza 6 a 6,5; densidade 5 a 5,5; fratura irregular.

As reservas brasileiras de ferro são imensas e largamente distribuídas pelo país. Localizam-se em Minas Gerais, numa área de 8.000 km^2 denominada "Quadrilátero Ferrífero", limitada por Belo Horizonte, Santa Bárbara, Congonhas do Campo e Mariana; ainda em Minas Gerais, são importantes os depósitos de ferro de Itabira, Rio do Peixe Bravo, Guanhães e Morro do Pilar; no Pará, na região de Marabá, na imensa jazida da Serra dos Carajás; no Mato Grosso do Sul, na região de Corumbá, conhecida pelos depósitos de ferro de Urucum. Existem ainda outras jazidas menores nos Estados do Ceará, Rio Grande do Norte, Pernambuco e Bahia.

MAGNÉSIO - Os minerais dolomita – $CaMg(CO_3)_2$ – e magnesita – $MgCO_3$ – são constituintes comuns na crosta terrestre. A dolomita ocorre em rochas sedimentares e metamórficas, sendo constituinte essencial do dolomito (rocha sedimentar) e do dolomita-mármore (rocha metamórfica). A magnesita é encontrada em sedimentos, concentrações residuais e depósitos hidrotermais. Entretanto, o oceano constitui a principal fonte de magnésio, com suprimentos inesgotáveis. O principal uso do magnésio é na forma de compostos, particularmente o óxido (MgO), que possui propriedades isolantes, térmicas e elétricas. No Brasil, as principais jazidas de magnesita estão nos Estados da Bahia (Brumado, Aracatu e Sento Sé) e Ceará (Orós, Iguatu e Jucás).

MANGANÊS - Os principais minerais de manganês são a pirolusita (polianita) – MnO – e o psilomelano – $BaMn^{2+}Mn_8^{4+}O_{16}(OH)_4$. São também minérios de manganês a manganita – MnO(OH) –, a rodocrosita – $MnCO_3$ – e a rodonita – $MnSiO_3$.

PIROLUSITA - É caracterizada por seu traço preto e dureza baixa (entre 1 e 2), e por sujar os dedos. Quando em cristais bem desenvolvidos, é conhecida como polianita, cuja dureza é de 6 a 6,5. Cor preta do ferro; traço preto; brilho metálico; densidade 4,75; fratura estilhaçada.

PSILOMELANO - Em geral, possui dureza maior do que os outros óxidos de manganês e aparenta não possuir estrutura cristalina. Cor preta do ferro; traço preto-acastanhado; brilho submetálico; dureza 5 a 6; densidade 3,7 a 4,7; são comuns os hábitos botrioidal e estalactítico. No Brasil, as principais jazidas de manganês encontram-se no Amapá (Serra dos Navios); em Minas Gerais, em numerosas ocorrências no Quadrilátero Ferrífero e em Conselheiro Lafaiete; em Mato Grosso do Sul (Urucum); na Bahia (Maraú-Caetité-Licínio de Almeida--Jacareí); no Pará (Buritirama, Igarapé e Azul); no Ceará (Araçoiaba); no Espírito Santo (Guaçuí); em Goiás (São João d'Aliança) etc.

TITÂNIO - A ilmenita – $FeTiO_3$ – e o rutilo – TiO_2 – são os principais minerais-minérios do titânio. Eles são encontrados distribuídos em pequenas quantidades nas rochas ígneas e metamórficas; ambos são pesados (densidades entre 4,1 a 4,7) e resistentes ao intemperismo mecânico e químico. Essa resistência os coloca entre os últimos minerais a serem afetados pelo ciclo de erosão, razão pela qual eles tendem a se concentrar com outros minerais, tais como cassiterita, diamante, ouro e magnetita, em depósitos conhecidos como pláceres. No Brasil, os depósitos secundários de titânio estão localizados ao longo da costa brasileira, no litoral dos Estados do Rio de Janeiro (São João da Barra e Barra do Itabapoana), Espírito Santo (Aracruz e Guarapari), Paraíba (Mataraca) e Bahia (Cumuruxatiba). As demais reservas de titânio são depósitos primários e estão associadas aos depósitos de piroclo de Minas Gerais (Tapira, Salitre e Catalão) e aos depósitos de vanádio da Bahia (Campo Alegre de Lourdes e Maracás).

4.2.2 Metais escassos

Os metais escassos são amplamente distribuídos, mas, ao contrário dos metais abundantes, raramente ocorrem em minerais individualizados. Em geral, fazem parte da estrutura dos minerais formadores de rochas, usualmente silicatos, como átomos de metais escassos substituindo elementos abundantes.

São considerados como metais escassos aqueles com abundância inferior a 0,01% na crosta terrestre. Cobre, chumbo, zinco e níquel, explorados em escala crescente, são geoquimicamente raros (Tab. 4.1), pertencendo à mesma categoria que o ouro, a prata e a platina, dentre outros.

CHUMBO - A galena – PbS – é o principal minério de chumbo. Outros minerais de chumbo são a cerussita – $PbCO_3$ – e a anglesita – $PbSO_4$.

> GALENA - É o principal minério de chumbo e também um minério de prata, a qual contém como impureza. Cristais cúbicos e massas granulares de galena são comuns em associações com vários minerais de zinco. Cor cinza-chumbo; brilho metálico; dureza 2,5; densidade 7,4 a 7,6; clivagem cúbica. No Brasil, as ocorrências são numerosas, porém são poucas as minas. As principais situam-se nos Estados da Bahia (Boquira), Paraná (Rocha e Perau-Adrianópolis, Panelas), São Paulo (Furnas), Minas Gerais (região de Januária e Itacarambi, Morro Agudo-Paracatu), Rio Grande do Sul (Santa Maria-Caçapava do Sul) e Goiás (Palmeirópolis e Chapada) (Fig. 2.1c).

COBRE - O principal minério de cobre é a calcopirita – $CuFeS_2$. Outros minérios de cobre são a bornita – Cu_5FeS_4 –, a calcocita – Cu_2S –, a malaquita – $Cu_2CO_3(OH)_2$ –, a azurita – $Cu_3(CO_3)_2(OH)_2$ – e a cuprita – CuO_2. O cobre pode ser encontrado também como elemento nativo.

CALCOPIRITA - É o mais importante dos minérios de cobre e, frequentemente, um minério de ouro e prata. Quando maciça, a calcopirita é outro mineral chamado pelos mineiros de "ouro dos trouxas". Cor bronze-esverdeado; brilho metálico; dureza 3,5; densidade 4,1 a 4,3; fratura irregular. No Brasil, as ocorrências de cobre são frequentes, mas as jazidas são raras. Ele é encontrado no Pará (na Serra dos Carajás – jazidas Salobro-Pojuca); na Bahia (vale do rio Curaçá, Campo Formoso); no Rio Grande do Sul (Camaquã); em São Paulo (Itapeva); em Goiás (jazida de Chapada-Mara Rosa, Palmeirópolis, Americano do Brasil e Bom Jardim de Goiás); em Alagoas (depósito do Serrote da Laje, Arapiraca); no Ceará (jazidas de Pedra Verde-Viçosa do Ceará e Aurora); em Minas Gerais (Fortaleza de Minas); no Paraná (Perau-Adrianópolis) etc.

ESTANHO - A cassiterita, quase o único minério de estanho, ocorre em cristais piramidais tetragonais e em seixos arredondados. Sua fórmula é SnO_2; cor castanha a preta; traço branco; brilho metálico a adamantino; dureza 6 a 7; fratura irregular. No Brasil, a cassiterita é encontrada nos seguintes Estados: Rio Grande do Sul (Encruzilhada do Sul), Paraíba (Seridozinho), Minas Gerais (São João del Rei), Goiás (Pedra Branca-Nova Roma), Amazonas (Pitinga, Igarapé Preto), Mato Grosso (São Francisco), Pará (São Pedro do Iriri), Bahia e Rondônia (jazidas aluviais).

MOLIBDÊNIO - O único mineral encontrado no Brasil é a molibdenita – MoS_2. Alguns molibdatos de chumbo e wolfrâmio são raros, e ainda não foram encontrados no Brasil. A molibdenita é semelhante à grafita, mas azulada; geralmente forma massas foliadas ou escamas de tato untuoso, sécteis e moles; dureza 1 a 1,5; densidade 4,7 a 4,8; traço esverdeado; clivagem micácea perfeita, lâminas flexíveis e não elásticas. Ocorre em pegmatitos e veios de quartzo. No Brasil, as maiores reservas, as maiores áreas mineralizadas e os maiores teores de molibdenita são encontrados no Nordeste, intimamente associados à xelita e aos seus tipos de jazimento, sendo a principal área a de Seridó (mina de Brejuí), no Estado do Rio Grande do Norte. Existem numerosas ocorrências e indícios de mineralizações de molibdênio, encontradas em várias partes do Brasil, porém sem valor econômico aparente.

NIÓBIO e TÂNTALO - O nióbio (colúmbio) e o tântalo são dois metais similares estreitamente associados e encontrados juntos na maioria das rochas e minerais em que ocorrem. São conhecidas mais de 90 espécies minerais de nióbio e tântalo. A columbita-tantalita – $(Fe,Mn)(Nb,Ta_2)O_6$ – e o pirocloro – $(Na_3,Ca)_2(Nb,Ti)(O,F)_7$ – são dois importantes minerais--minérios desses metais. Os depósitos econômicos de nióbio e tântalo têm sido encontrados em diversos tipos de rocha de complexos alcalinos (nefelinassienitos e carbonatitos), granitos, pegmatitos e pláceres. No Brasil, os principais depósitos de nióbio (pirocloro) estão associados com carbonatitos e rochas alcalinas e estão localizados em Minas Gerais (Araxá e Tapira); em Goiás (Catalão-Ouvidor); e no Amazonas (Seis Lagos). As principais fontes de tântalo provêm da tantalita ou tantalita-columbita, encontradas nas províncias pegmatíticas do leste e nordeste do Brasil: no Estado de Minas Gerais (São João del Rei e Itinga), na Bahia (Itambé), no Rio Grande do Norte (Borborema-Seridó) e no Ceará (Solonópole e Itapiúna-Cristais). O Brasil possui as maiores reservas de nióbio ou colúmbio do mundo, cuja produção provém dos carbonatitos de Araxá (MG) (80%) e de Catalão-Ouvidor (GO) (20%), sob a forma de pirocloro. A produção de tântalo, por sua vez, provém das províncias pegmatíticas do Nordeste e do Sudeste.

NÍQUEL - A pentlandita – $(Fe,Ni)_9S_8$ – e a garnierita – $NiMg_3Si_2O_5(OH)_4$ – são minerais fontes do níquel. A pentlandita ocorre em rochas básicas e noritos. Ela é friável e de cor amarelo-clara até marrom--clara. A garnierita é amorfa, de cor verde; mineral secundário, provavelmente produto de alteração de peridotitos niquelíferos. É a principal fonte de níquel no Brasil. Todos os depósitos brasileiros de minério de níquel são do tipo laterítico, à exceção dos depósitos de Americano do Brasil (GO) e de Fortaleza de Minas (MG), que são do tipo sulfeto. Os principais depósitos lateríticos de níquel estão nos Estados do Pará (Jacaré-Jacarezinho, Puma-Onça, Vermelho e Quatipuru); no Piauí (São João do Piauí); em Goiás (Niquelândia, Barro Alto, Santa Fé-Serra de Água Branca-Furnas-Rio dos Bois,

Morro do Engenho-Salobinha); em Minas Gerais (Ipanema, Liberdade e Morro do Níquel-Pratápolis); e em São Paulo (Jacupiranga).

Ouro - É o mais maleável e o mais dúctil dos metais; bom condutor de calor e de eletricidade; não é afetado pelo ar nem pela maioria dos reagentes; cristaliza-se na forma de octaedros, geralmente, porém, forma escamas, fios ou massas irregulares; tem cor amarela; brilho metálico; dureza 2,5 a 3; densidade 19,3. Ocorre, no estado nativo, em veios de quartzo, pláceres e meteoritos. Tem ampla distribuição e quase sempre está associado ao quartzo ou à pirita. No Brasil, as principais jazidas e províncias auríferas são encontradas em Minas Gerais (Quadrilátero Ferrífero: Nova Lima, Ouro Preto-Mariana, Sabará-Caeté-Santa Bárbara e Pitangui); na Bahia (Fazenda Brasileiro, Maria Preta e Jacobina); em Goiás (Crixás, Mara Rosa); em Mato Grosso (Rio Jauru, Cabaçal, Novo Planeta-Alta Floresta); no Pará (Serra Pelada, em Marabá, Andorinhas); em Rondônia (rio Madeira); no Amapá (Lourenço-Calçoene); e no Rio Grande do Norte (Currais Novos).

Prata - Ela tem sido encontrada na forma de elemento nativo e de sulfetos. No Brasil, não temos jazimentos específicos de prata. Até agora ela foi explorada como subproduto de jazimentos de chumbo e zinco. Camadas individualizadas de minérios de prata, à base de sulfetos, antimonietos e prata nativa, existem na região de Montalvânia (MG).

Tungstênio - A wolframita (volframita) – $(Fe,Mn)WO_4$ – e a scheelita (xelita) – $CaWO_4$ – são as principais fontes do tungstênio ou wolfrâmio. A wolframita ocorre em veios pneumatolíticos, formando cristais, massas granulares ou agregados colunares, amarronzados ou cinza-escuro. Tem brilho submetálico; dureza 4 a 4,5; densidade 7,1 a 7,5; clivagem perfeita. A xelita é encontrada normalmente em cristais euédricos de até 10 cm; geralmente de cor branca, marrom ou verde; brilho adamantino; translúcida a transparente; com fluorescência azul ou amarela. Ocorre em depósitos de metamorfismo de contato, em filões de quartzo de alta temperatura e, mais raramente, em pegmatitos. No Brasil, os principais depósitos de tungstênio são encontrados no Rio Grande do Norte (Brejuí-

-Barra Verde, Boca de Lage); no Pará (Serra do Bom Jardim e da Pedra Preta); em Goiás (Nova Roma-Minaçu); em São Paulo (Jundiaí); em Santa Catarina (Nova Trento); e no Rio Grande do Sul (Encruzilhada do Sul). A quase totalidade das reservas brasileiras de tungstênio provém dos escarnitos ou tactitos portadores de xelita do Nordeste (Rio Grande do Norte); o restante provém da wolframita, de filões de quartzo ou de depósitos secundários de wolframita do sudeste do Pará e de Nova Trento (SC). Os depósitos de wolframita do Pará apresentam grande potencialidade; os do Rio Grande do Sul e de São Paulo são de pequeno porte.

URÂNIO - O mais importante deles é a uraninita - UO_2. Outros minerais de urânio são os fosfatos torbernita - $Cu(UO_2)_2(PO_4)_2 \cdot 8 \cdot 12H_2O$ - e autunita - $Ca(UO_2)_2(PO_4)_2 \cdot 10 \cdot 12H_2O$.

URANINITA - É chamada pechblenda quando impura e formando massas arredondadas. Altera-se facilmente em minerais secundários de urânio, dos quais a carnotita, de cor amarela, é o mais bem conhecido. A uraninita é de cor preta e traço preto; brilho do piche; dureza 5 a 6; densidade 6,5 a 10; fratura conchoidal. No Brasil, os jazimentos conhecidos são os de Poços de Caldas e do Quadrilátero Ferrífero, em Minas Gerais; de Filgueira, no Paraná; de Itataia, no Ceará; de Lagoa Real, na Bahia; de Campos Belos, em Goiás; e de Espinharas, na Paraíba.

ZINCO - A esfalerita - ZnS - é o principal minério de zinco. Outros minérios de zinco são a hemimorfita ou calamina - $Zn_4Si_2O_7(OH)_2 \cdot H_2O$ -, a smithsonita - $ZnCO_3$ - e a willemita - Zn_2SiO_4.

ESFALERITA - É o mais importante dos minerais-minérios de zinco. Pode ser fonte também de cádmio, índio, gálio e cobalto. Ocorre sob a forma de massas granulares, contudo não são raros os seus cristais. Cor castanha a castanho-escura; traço branco a castanho; brilho resinoso, às vezes adamantino; dureza 3,9 a 4,2; densidade 3,5 a 4; clivagem em seis direções. No Brasil, as únicas reservas importantes concentram-se na região de Vazantes (Minas Gerais) e na mina de chumbo de Boquira (Bahia). Outros depósitos são encontrados em Minas Gerais (Morro

Agudo-Paracatu), Rio Grande do Sul (Santa Maria-Caçapava do Sul) e Goiás (Palmeirópolis).

4.2.3 Minérios de outros metais

Os principais minerais de valor econômico de alguns outros metais e suas ocorrências e/ou jazidas no Brasil estão listados a seguir, por ordem alfabética dos metais presentes.

BÁRIO - Sua principal fonte é a barita – $BaSO_4$. No Brasil, o Estado da Bahia, em Camamu e Altamira, é que detém as maiores reservas e produção. Depósitos menores são encontrados nos Estados de Goiás (Rianápolis), Minas Gerais (Montalvânia), Paraná (Cerro Azul) e São Paulo (Registro). No Estado do Rio de Janeiro, Menezes e Klein (1973) relatam ocorrências de barita associadas com rochas alcalinas.

BERÍLIO - Somente dois minerais são explorados comercialmente na produção de berílio: o berilo – $Be_3Al_2(Si_6O_{18})$ – e a bertrandita – $Be_4Si_2O_7(OH)_2$ –, que é um produto de alteração hidrotermal do berilo em pegmatitos. No Brasil, explora-se o berilo, cujas fontes principais são a Província Pegmatítica de Solonópole, no Estado do Ceará, e a Província Pegmatítica Oriental do Brasil, incluindo os Estados da Bahia, Minas Gerais, Espírito Santo e Rio de Janeiro. Os pegmatitos do Estado do Rio de Janeiro foram descritos por Menezes (1997).

LÍTIO - Das dezenas de minerais de lítio que ocorrem na natureza, cinco destacam-se por sua importância econômica: espodumênio – $LiAlSi_2O_6$ –, ambligonita – $(Li,Na)AlPO_4F$ –, petalita – $Li(AlSi_4O_{10})$ –, lepidolita – $K_2Li_3Al_3(AlSi_3O_{10})_2(OH,F)_4$ – e eucriptita – $LiAlSiO_4$. No Brasil, as principais áreas de ocorrência de minerais de lítio estão nos Estados de Minas Gerais (Itinga), Ceará (Solonópole), Paraíba e Rio Grande do Norte.

VANÁDIO - Existem mais de 60 espécies de minerais de vanádio, porém a maior parte do vanádio produzido é recuperada de corpos de minério no qual nenhum mineral específico é reconhecido. No Brasil, os depósitos de vanádio primário ocorrem associados aos de titânio. Os depósitos mais importantes estão localizados no Estado da Bahia (Campo Alegre de Lourdes e Gulçari-Maracás).

ZIRCÔNIO - A zirconita ou zircão – $ZrSiO_4$ – e a badeleíta – ZrO_2 – são as principais fontes de zircônio. A zirconita cristaliza-se em prismas ou bipirâmides; é tetragonal; de cor variável (marrom, verde, azul, vermelha, amarela ou incolor); dureza 6,5 a 7,5; densidade 4 a 4,7; fratura conchoidal. A badeleíta forma cristais tabulares ou nódulos; suas cores variam entre incolor, amarelo, marrom ou preto. Caldasita ou zirkita são os nomes comerciais de uma mistura de zirconita com badeleíta, praticamente só encontrada no Brasil (Poços de Caldas - MG). Os depósitos brasileiros de zirconita distribuem-se em plácers marinhos pelas areias de praia desde o litoral nordeste até o litoral sudeste, em aluviões fluviais e coluviais e em rochas alcalinas (Fig. 1.5b).

4.3 Recursos minerais industriais ou não metálicos

As rochas e os minerais industriais são considerados os recursos minerais deste século. Nesse sentido, vêm sendo desenvolvidos processos para modificação físico-química desses minerais para melhorar sua funcionalidade e ampliar suas aplicações práticas. Entre esses recursos, temos aqueles usados nas indústrias químicas e de fertilizantes; os minerais estruturais ou para construção; os minerais cerâmicos, refratários, isolantes, fundentes, abrasivos e de carga; as gemas minerais ou pedras preciosas; os combustíveis fósseis e a água (estes, porém, não serão abordados neste texto).

AMIANTO ou ASBESTO - É o nome que designa silicatos fibrosos (crisotila ou anfibólios) usados como isolantes térmicos, acústicos e elétricos, em cimento-amianto, em lonas de freio, tecidos incombustíveis etc. Apesar das pressões e restrições quanto ao uso do amianto, o Brasil ocupa lugar de destaque em reservas e produção desse bem mineral. As reservas de amianto concentram-se nos Estados de Goiás (Cana Brava-Minaçu), Alagoas (Batalha-Jaramataia e Girau do Ponciano-Campo Grande), Piauí (Brejo Seco-São João do Piauí) e São Paulo.

ARGILA ou ARGILOMINERAL - Termos usados para definir um material natural terroso de alta plasticidade, que integra um grupo complexo de hidrossilicatos, finamente cristalinos, metacoloidais ou amorfos, essencialmente constituídos por alumínio e, às vezes, magnésio e ferro, além de impurezas. As argilas recebem as seguintes denominações, de acordo com seus usos e especificações: a) caulim - grupo de argilominerais no qual se incluem caulinita, narrita, dickita e anauxita; b) argila refratária - matéria-prima que inclui muitas variedades de argilas caulínicas; c) argila *ball clay* - argila na qual predomina caulinita acompanhada de ilita, esmectita e clorita, além de quantidades subordinadas de quartzo, plagioclásio, feldspato potássico e calcita; d) atapulgita - argilominerais fibrosos, leves, que se caracterizam pela forte predominância de magnésio sobre o alumínio; e) bentonita - constituída essencialmente de minerais argilosos do grupo da montmorillonita (esmectita) mais sílica coloidal, resultante da desvitrificação e alteração química de tufo ou cinza vulcânicos; e f) argila comum - material argiloso ou semelhante à argila, suficientemente plástico para permitir pronto amoldamento. As argilas são matérias-primas de grande importância na economia de qualquer país e de largo uso em vários segmentos da indústria. Os depósitos de argila comum possuem distribuição ampla e são encontrados em todo o território nacional. Por sua vez, os jazimentos de argila refratária e de caulim estão mais concentrados nas regiões norte e sul-sudeste do Brasil. Bentonita, argila *ball clay* e atapulgita possuem distribuição restrita e depósitos modestos.

CALCITA e DOLOMITA - São os dois constituintes minerais essenciais das rochas carbonáticas; talvez a matéria-prima mineral mais utilizada na indústria. Numa rocha carbonática, quando predomina o mineral calcita – $CaCO_3$ –, temos os calcários (rocha sedimentar) ou os mármores (rocha metamórfica); quando predomina o mineral dolomita – $CaMg(CO_3)_2$ –, temos os dolomitos (rocha sedimentar) ou os dolomita-mármores (rocha metamórfica). Outros carbonatos podem estar associados, como: siderita – $FeCO_3$ –, ankerita – $Ca(Mg,Fe)(CO_3)_2$ – e magnesita – $MgCO_3$. As aplicações dos calcários e dolomitos são inúmeras, bem como a de seus produtos, como a cal (resultante da calcinação) e o cimento. O maior consumo de calcário é na fabricação de cimentos. O cimento Portland, tipo mais amplamente produzido, é composto de aproximadamente 75% de carbonato de cálcio (calcário), 13% de sílica, 5% de alumina e pequenas quantidades de magnésio e ferro. Pelo fato de as rochas carbonáticas serem de distribuição ampla, os seus depósitos são encontrados em quase todos os Estados do Brasil.

CIANITA ou DISTÊNIO - É um tipo de mineral metamórfico encontrado em rochas metamórficas de todos os continentes. O principal uso desse mineral, bruto ou calcinado, é na fabricação de refratários. No Brasil, a produção de cianita provém tanto de minas em lavra quanto de garimpos. As principais lavras encontram-se nos Estados de Goiás (Santa Terezinha de Goiás), Minas Gerais (Capelinha, Minas Novas e Mateus Leme) e Bahia (Vitória da Conquista).

DIAMANTE - O diamante (C) é carbono cristalizado no sistema cúbico, a altíssimas temperatura e pressão, frequentemente em octaedros com arestas ou faces encurvadas. Geralmente incolor, o diamante possui forte brilho e alta dureza (10), a mais alta da Escala de Mohs. O diamante é produzido a partir de fontes primárias e secundárias. As fontes primárias significativas de diamante estão relacionadas com kimberlitos (rocha ígnea ultrabásica, potássica, rica em elementos voláteis) e lamproítos (rocha ígnea ultrapotássica, peralcalina, rica em magnésio). As fontes secundárias são aluviões e conglomerados (metaconglomerados), onde o diamante é obtido em garimpos. O diamante é usado como gema e, quando não se presta para tal, em ferramentas de corte e perfuração, em instrumentos para cortar vidro e para polir pedras, inclusive o próprio diamante. No Brasil, o diamante ocorre em quase todos os Estados. A Fig. 4.1 ilustra a extensão dos nossos garimpos e as principais províncias diamantíferas brasileiras. Os garimpos mais importantes estão nos Estados de Minas Gerais, Mato Grosso, Mato Grosso do Sul, Bahia e Roraima.

ENXOFRE - Suas fontes são variadas e de grande distribuição. Preferencialmente, o enxofre é procurado na forma de elemento nativo, por ser a mais barata. São duas as suas principais fontes: a) gases sulfurosos que formam veios e impregnações próximo às crateras vulcânicas; e b) a concentração secundária derivada do $CaSO_4$. Cerca de 40% da produção mundial de enxofre é utilizada na obtenção de superfosfato e do sulfato de amônia, ambos fertilizantes essenciais. Outros 20% são utilizados pela indústria química, principalmente na produção de fungicidas e inseticidas para proteção agrícola. No Brasil, ainda não foi encontrado nenhum jazimento ou concentração de enxofre nativo de interesse econômico. Sua ocorrência já foi assinalada nos Estados da Bahia (Rio Pardo) e Sergipe (Simão Dias e Lagarto).

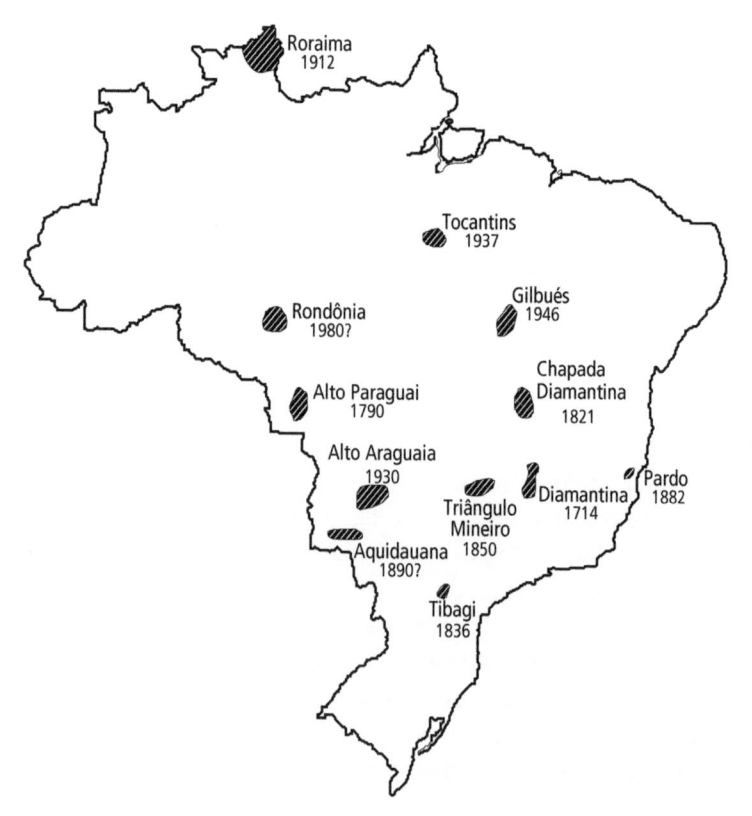

Fig. 4.1 Principais áreas de mineração de diamante no Brasil e suas datas de descobrimento

FELDSPATO - É um grupo de silicatos de alumínio combinados com sódio, potássio, cálcio e, às vezes, bário. Os feldspatos são minerais muito abundantes na crosta terrestre e podem ocorrer de modo variado, em muitas condições geológicas. O feldspato é usado na indústria do vidro, esmaltes, porcelanas, cerâmicas e tintas. A produção brasileira de feldspatos restringe-se quase exclusivamente a depósitos do tipo pegmatito, embora já existam estudos para o aproveitamento desse mineral diretamente das rochas alcalinas (sienitos). No Brasil, os principais Estados produtores de feldspato são: Ceará, Rio Grande do Norte, Paraíba, Bahia, Minas Gerais, Rio de Janeiro, São Paulo, Paraná e Santa Catarina.

FLUORITA - É o principal minério de flúor. A fluorita é usada como fundente na siderurgia, na manufatura de vidros opalescentes, esmaltes, fabricação de ácido fluorídrico, instrumentos óticos, cerâmica e, às vezes, como pedra ornamental. No Brasil, as principais reservas de fluorita estão concentradas nos Estados de São Paulo, Paraná, Santa Catarina e Rio de Janeiro (Tanguá) (Fig. 2.1e).

FOSFATO - A apatita – $Ca(PO_4)_3(Cl,OH)$ – é a única fonte importante de fosfato, que é um mineral relativamente insolúvel. Isso torna necessário o tratamento químico da apatita e/ou da rocha fosfática com ácidos diluídos (geralmente H_2SO_4), a fim de produzir uma forma mais solúvel. O resultado é conhecido como superfosfato, que contém grande percentagem de compostos solúveis em água. No Brasil, os fosfatos são produzidos, a partir de rochas fosfáticas, nos Estados de Minas Gerais (Araxá e Tapira) e Goiás (Ouvidor). Outros depósitos são encontrados em Santa Catarina (Anitápolis), São Paulo (Jacupiranga), Bahia (Irecê) etc.

GESSO - É obtido do mineral gipso ou gipsita, por aquecimento ou calcinação. O gesso é um dos mais antigos materiais de construção. A construção civil é responsável pelo consumo da maioria da gipsita produzida no Brasil, principalmente na produção de cimento Portland. As maiores reservas brasileiras encontram-se nos Estados do Pará (60%) e Pernambuco (30%). Os Estados do Maranhão, Ceará, Rio Grande do Norte, Piauí e Tocantins concentram os 10% restantes das reservas.

GRAFITA - Ela pode ser natural ou artificial. A grafita natural é o carbono cristalizado no sistema hexagonal-R. A grafita artificial, por sua vez, é produzida por meio do coque de petróleo misturado com piche, óxido de ferro e outros pequenos ingredientes, a uma temperatura elevada em fornos elétricos. Entretanto, a grafita natural não pode ser suplantada pela artificial por causa de suas excelentes propriedades de moldagem e alta densidade. No Brasil, existem ocorrências de grafita em quase todos os Estados, mas os maiores depósitos estão em Minas Gerais (Arcos, Itapecerica, Itatiaiuçu, Mateus Leme, Pedra Azul e São Francisco de Paula) e na Bahia (Itanhém e Maiquinique).

MICA - Nome dado a diversos minerais de silicatos hidratados (filossilicatos), caracterizados por hábito foliado e excelente clivagem basal. Geralmente elásticos, de dureza baixa, brilho nacarado e cores variáveis. São minerais do grupo da mica: moscovita (mica branca), biotita (mica preta), flogopita (mica âmbar) e lepidolita (mica de lítio). Outros minerais desse grupo são: vermiculita, zinvaldita, roscoelita e fuchsita. O principal uso da mica é na indústria eletroeletrônica. No Brasil, as reservas oficiais de mica estão associadas às diversas províncias pegmatíticas existentes em terrenos de idade pré-cambriana. Elas se distribuem pelos Estados do Ceará (Quixeramobim, Russas e Solonópole), Espírito Santo (Mimoso do Sul), Minas Gerais (Araçuaí, Conselheiro Pena, Dom Joaquim, Galileia, Itinga, Malacacheta etc.), Rio de Janeiro, Santa Catarina e São Paulo.

POTÁSSIO - É um elemento abundante nas rochas da crosta terrestre, de grande distribuição nos minerais do grupo dos silicatos (feldspato, moscovita e leucita). No caso dos fertilizantes, no entanto, é procurado sob a forma de alguns minerais solúveis encontrados nos evaporitos marinhos (rochas sedimentares químicas resultantes da acumulação de sais, pela evaporação da água do mar). Nos depósitos evaporíticos, os compostos de potássio encontram-se na forma de cloretos e sulfatos, sendo a silvita – KCl – sua principal fonte. Quando ocorre associado com a halita, recebe o nome de silvinita (KCl + NaCl). No Brasil, o potássio é produzido a partir dos depósitos de evaporitos de Taquari-Vassouras e Santa Rosa de Lima, no Estado de Sergipe, e de Nova Olinda do Norte, no Amazonas.

4 Recursos minerais

QUARTZO - Trata-se da forma de sílica mais abundante, representando de 20% a 25% do volume da crosta continental. As principais fontes naturais de quartzo – SiO_2 – são veios hidrotermais, pegmatitos, quartzitos, arenitos, areias quartzosas, *cherts*, granitoides, gnaisses graníticos e os depósitos de seixos de quartzo. O quartzo tem se tornado insumo básico de indústrias importantes no atual estágio tecnológico, tais como as indústrias de quartzo cultivado, quartzo fundido e de cerâmica avançada ou de alta tecnologia. Em razão da sua propriedade piezelétrica, o cristal de quartzo é utilizado para a confecção de lâminas, que, por vibrarem em intervalos de tempo altamente regulares, são escolhidas para uso em dispositivos geradores, retardadores e selecionadores de frequências, tais como: osciladores, ressonadores e filtros. No Brasil, as principais reservas oficiais de quartzo estão em Gouvea, Bocaiuva, Marmelópolis, Galileia, Barbacena e Curvelo, em Minas Gerais; Tucuruí, no Pará; Urussanga, São Martinho e Gravataí, em Santa Catarina; Belém do São Francisco, em Pernambuco; Caldeirão Grande, na Bahia; e Miranda, no Mato Grosso do Sul. Nos Estados do Ceará, Espírito Santo, Paraná, Rio de Janeiro e São Paulo, entre outros Estados brasileiros, também existem reservas de quartzo.

SAL - O sal-gema ou halita (NaCl) é o mais importante mineral não metálico usado na indústria química, apresentando considerável importância econômica. O sal pode ser obtido diretamente dos oceanos, onde existe em abundância. Outra fonte é o grupo das rochas sedimentares químicas conhecidas genericamente como evaporitos. O sal-gema é usado para curtir couro, em fertilizantes, na preservação e preparação de alimentos, herbicidas e em refrigeração. Ele é usado também para a obtenção do cloro, sódio, ácido clorídrico e carbonato de sódio. No Brasil, a produção de sal marinho tem no Rio Grande do Norte o seu maior produtor. Ele é produzido, ainda, nos Estados do Rio de Janeiro e Ceará. Em Alagoas e na Bahia, ele é produzido a partir de evaporitos. Essas rochas salinas contêm também sais de potássio e magnésio, e carbonatos e sulfatos de cálcio.

TALCO e PIROFILITA - São dois filossilicatos com propriedades cristalográficas e físicas muito parecidas, cujas aplicações industriais são semelhantes. Os minerais e/ou rochas que os contêm em grandes quantidades (agalmatólito, esteatito ou pedra-sabão) são utilizados em diversos setores industriais. A indústria cerâmica consome 75% do talco e 50% da pirofilita produzidos. O restante destina-se à produção de papel e celulose, borrachas, defensivos agrícolas, tintas e vernizes, produtos farmacêuticos e veterinários, perfumaria e cosméticos, sabões, plásticos etc. No Brasil, são encontrados depósitos de talco nos seguintes municípios: Bocaiuva do Sul, Castro, Pien e Ponta Grossa, no Paraná; Cananeia, Jacupiranga, Itararé e Ribeirão Branco, em São Paulo; Carandaí, Caraíba, Ouro Preto, Ouro Branco e Nova Lima, em Minas Gerais; Pilar de Goiás, Aloândia e Morrinhos, em Goiás; Quixeramobim, no Ceará; São Raimundo Nonato, no Piauí; e Caçapava do Sul, no Rio Grande do Sul. O amalgatólito, uma rocha com pirofilita, é explorado economicamente nos municípios de Mateus Leme, Pará de Minas, Onça de Pitangui e Pitangui, em Minas Gerais.

VERMICULITA - É um mineral do grupo das micas – $(Mg,Fe,Al)_3(Al,Si)_4O_{10}(OH)_2 \cdot 4H_2O$ –, usado como isolante térmico e acústico, como lubrificante, em agregados de concreto leve, em lamas de sondagem e na agricultura. Trata-se de um mineral de alta porosidade e baixa densidade. Quando aquecido a 1.100ºC, perde água, expandindo-se até 30 vezes em relação ao seu volume original. No Brasil, são encontrados depósitos de vermiculita em Juçara, Sanclerlândia, São Luís de Montes Belos, Catalão e Ouvidor, no Estado de Goiás; em Campina Grande do Sul, no Paraná; em Paulistana, no Piauí; em Brumado, na Bahia; e em Cipotânea, em Minas Gerais.

Chave para o reconhecimento de minerais comuns

5.1 Que mineral é este?

Esta é uma chave simples para o reconhecimento de minerais comuns, elaborada para responder à pergunta "Que mineral é este?" e orientar o estudo de minerais em cursos introdutórios de Geologia e Mineralogia.

Pretende-se dar uma orientação geral de como reconhecer os minerais mais comuns com base em suas propriedades e características físicas mais simplesmente verificáveis.

No reconhecimento dos pouco mais de cem minerais aqui descritos, serão considerados sempre exemplares sem alterações ou, então, uma superfície recente desses minerais. Esse exame permitirá separá-los em dois grandes grupos quanto ao brilho: os minerais de brilho não metálico e os de brilho metálico.

Esta chave foi elaborada com base no reconhecimento do brilho dos minerais, da seguinte forma:

Grupo 1: Minerais de brilho não metálico, separados pela cor, dureza e clivagem;

Grupo 2: Minerais de brilho metálico, separados pela cor do traço, dureza e clivagem.

São acrescentadas algumas informações complementares que ajudam na identificação e/ou no reconhecimento dos minerais, inclusive o sistema de cristalização e a composição química.

Finalmente, recomenda-se àquele que objetiva um maior rendimento no uso da presente chave um conhecimento prévio das principais propriedades físicas dos minerais, principalmente: brilho, cor, traço, dureza e clivagem/fratura.

A Fig. 5.1 traz um roteiro para o uso da chave.

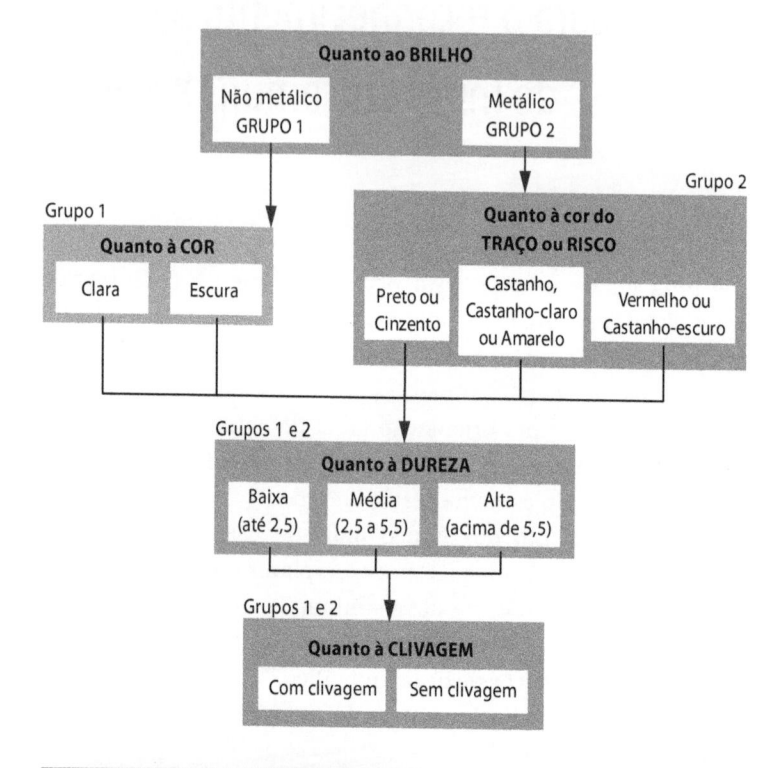

Quanto ao BRILHO

- Não metálico GRUPO 1
- Metálico GRUPO 2

Grupo 1 — Quanto à COR
- Clara
- Escura

Grupo 2 — Quanto à cor do TRAÇO ou RISCO
- Preto ou Cinzento
- Castanho, Castanho-claro ou Amarelo
- Vermelho ou Castanho-escuro

Grupos 1 e 2 — Quanto à DUREZA
- Baixa (até 2,5)
- Média (2,5 a 5,5)
- Alta (acima de 5,5)

Grupos 1 e 2 — Quanto à CLIVAGEM
- Com clivagem
- Sem clivagem

Informações complementares, obtidas na chave
Composição química: _____
Densidade: _____
Diafaneidade: _____
Dureza: _____
Fratura: _____
Sistema cristalino: _____
Observações pessoais: _____

Nome do mineral

Fig. 5.1 Roteiro para uso da chave de reconhecimento dos minerais comuns

5.2 Guia de consulta à chave
Grupo 1
1.0.0.0 Minerais de brilho não metálico
- **1.1.0.0 Cores Claras**
  - **1.1.1.0** *Dureza Baixa (até 2,5)*
    - 1.1.1.1 *Com Clivagem* .... 001 a 008
    - 1.1.1.2 *Sem Clivagem* .... 009 a 015
  - **1.1.2.0** *Dureza Média (2,5 a 5,5)*
    - 1.1.2.1 *Com Clivagem* .... 016 a 028
    - 1.1.2.2 *Sem Clivagem* .... 029 a 038
  - **1.1.3.0** *Dureza Alta (acima de 5,5)*
    - 1.1.3.1 *Com Clivagem* .... 039 a 057
    - 1.1.3.2 *Sem Clivagem* .... 058 a 068
- **1.2.0.0 Cores Escuras**
  - **1.2.1.0** *Dureza Baixa (até 2,5)*
    - 1.2.1.1 *Com Clivagem* .... 069 a 072
    - 1.2.1.2 *Sem Clivagem* .... 073 a 074
  - **1.2.2.0** *Dureza Média (2,5 a 5,5)*
    - 1.2.2.1 *Com Clivagem* .... 075 a 083
    - 1.2.2.2 *Sem Clivagem* .... 084 a 093
  - **1.2.3.0** *Dureza Alta (acima de 5,5)*
    - 1.2.3.1 *Com Clivagem* .... 094 a 106
    - 1.2.3.2 *Sem Clivagem* .... 107 a 122

Grupo 2
2.0.0.0 Minerais de brilho metálico
- **2.1.0.0 Traço Preto ou Cinzento**
  - **2.1.1.0** *Dureza Baixa (até 2,5)*
    - 2.1.1.1 *Com Clivagem* .... 123 a 126
    - 2.1.1.2 *Sem Clivagem* .... 127 a 128
  - **2.1.2.0** *Dureza Média (2,5 a 5,5)*
    - 2.1.2.1 *Com Clivagem* 129
    - 2.1.2.2 *Sem Clivagem* .... 130 a 135
  - **2.1.3.0** *Dureza Alta (acima de 5,5)*
    - 2.1.3.1 *Com Clivagem* .... 136 a 138
    - 2.1.3.2 *Sem Clivagem* .... 139 a 145

2.2.0.0 Traço Castanho, Castanho-claro ou Amarelo
    2.2.1.0 *Dureza Baixa (até 2,5)*
        2.2.1.1 *Com Clivagem*
        2.2.1.2 *Sem Clivagem*
    2.2.2.0 *Dureza Média (2,5 a 5,5)*
        2.2.2.1 *Com Clivagem* .... 146 a 147
        2.2.2.2 *Sem Clivagem* .... 148 a 149
    2.2.3.0 *Dureza Alta (acima de 5,5)*
        2.2.3.1 *Com Clivagem*
        2.2.3.2 *Sem Clivagem* .... 150 a 151

2.3.0.0 Traço Vermelho ou Castanho-escuro
    2.3.1.0 *Dureza Baixa (até 2,5)*
        2.3.1.1 *Com Clivagem*
        2.3.1.2 *Sem Clivagem*
    2.3.2.0 *Dureza Média (2,5 a 5,5)*
        2.3.2.1 *Com Clivagem*
        2.3.2.2 *Sem Clivagem* 152
    2.3.3.0 *Dureza Alta (acima de 5,5)*
        2.3.3.1 *Com Clivagem*
        2.3.3.2 *Sem Clivagem* 153

Abreviaturas usadas na descrição dos minerais da chave:

Br. - brilho
Cl. - clivagem
D - dureza
d - densidade
Tr. - traço
Fr. - fratura

5.3 GRUPO 1: MINERAIS DE BRILHO NÃO METÁLICO
1.0.0.0 MINERAIS DE BRILHO NÃO METÁLICO
1.1.0.0 Cores Claras
1.1.1.0 *Dureza Baixa (até 2,5)*
1.1.1.1 *Com Clivagem*

Descrição	Nº	Mineral
Incolor a branco; Br. vítreo a graxo; Cl. perfeita. Transparente a translúcido. D = 2 a 2,5; d = 2,1 a 2,3. Gosto salgado; solúvel em água. Diatérmico. Cúbico. Cloreto de sódio - NaCl.	001	Halita (sal-gema)
Incolor a branco; tonalidades de azul, amarelo ou vermelho; Br. vítreo; Cl. perfeita (010). Transparente quando puro. D = 2; d = 2. Sabor amargo, solúvel em água. Cúbico. Cloreto de potássio - KCl.	002	Silvita
Branco a incolor; Br. vítreo (perláceo e sedoso); Cl. perfeita (010) e boa em outras direções. Transparente a translúcido. D = 2; d = 2,3 a 2,4. Ocorre em lâminas flexíveis e hábito fibroso. Monoclínico. Sulfato de cálcio hidratado – $CaSO_4 \cdot 2H_2O$.	003	Gipso (Gipsita, gesso)
Verde a branco, branco-amarelado; Br. perláceo a gorduroso; Cl. perfeita (001). Translúcido. D = 1; d = 2,6 a 2,7. Untuoso ao tato; hábito micáceo, às vezes maciço. Séctil. Monoclínico. Silicato de magnésio.	004	Talco
Branco, verde da maçã, cinza, pardo; Br. nacarado a gorduroso; Cl. perfeita (001). Translúcido. D = 1 a 2; d = 2,8 a 2,9. Lâminas flexíveis, mas não elásticas; agregados lamelares radiados são comuns. Monoclínico. Silicato hidratado de alumínio.	005	Pirofilita
Amarelo-citrino a amarelo-esverdeado; Br. perláceo a subadamantino; Cl. perfeita (001); Tr. amarelado. Translúcido. D = 2 a 2,5; d = 3,1 a 3,2. Cristais tabulares, hábito micáceo. Intensa fluorescência amarelo-esverdeada. Radioativo. Tetragonal. Fosfato de cálcio e urânio.	006	Autunita (Uranita)
Incolor, castanho-pálido, verde, amarelo e branco; Br. micáceo; Cl. excelente em uma direção (001); Tr. branco. Transparente em lâminas finas. D = 2 a 2,5; d = 2,7 a 3. Mica branca (malacacheta). Monoclínico. Silicato de potássio e alumínio.	007	Moscovita (Muscovita)
Amarelo-limão a laranja; Br. resinoso; Cl. perfeita (010). Translúcido. D = 1,5 a 2; d = 3,4 a 3,5. Séctil, flexível e não elástico. Associado com realgar. Monoclínico. As_2S_3.	008	Ouro-pigmento

1.0.0.0 Minerais de brilho não metálico
1.1.0.0 Cores Claras
1.1.1.0 *Dureza Baixa (até 2,5)*
1.1.1.2 *Sem Clivagem*

Descrição	N°	Mineral
Branco (frequentemente colorido por impurezas); Br. perláceo a terroso; Fr. terrosa. D = 1,5 a 2,5; d = 2,2 a 2,6. Odor terroso quando úmido, geralmente untuoso e plástico. Monoclínico. Silicato de alumínio.	009	Caulinita (Caulim)
Verde a branco, branco-amarelado; Br. perláceo e gorduroso; Tr. branco. Translúcido. D = 1; d = 2,6 a 2,7. Untuoso ao tato; hábito micáceo, às vezes maciço. Séctil. Monoclínico. Silicato de magnésio.	010	Talco
Branco, cinza, amarelo etc.; Br. gorduroso, adamantino, terroso; Fr. irregular. Translúcido. D = 1; d = 2 a 2,6. Compacto, argiloso, terroso e oolítico, às vezes friável. Mistura de óxidos e hidróxidos de alumínio.	011	Bauxita (Bauxito)
Branco, cinza, amarelo; Br. vítreo a nacarado. Transparente a translúcido. D = 2,5 a 3,5; d = 2,3 a 2,4. Hábito oolítico ou pisolítico, às vezes tabular ou mamelonar. Monoclínico. $Al(OH)_3$.	012	Gibbsita
Amarelo de várias tonalidades; Br. resinoso, adamantino; Fr. conchoidal e irregular. Transparente a translúcido. D = 1,5 a 2,5; d = 1,9 a 2,1. Queima com facilidade. Ortorrômbico. Enxofre - S.	013	Enxofre
Branco a verde-maçã; Br. terroso, fosco e ceráceo; Fr. plana; Tr. branco a esverdeado. Translúcido a opaco. D = 2 a 3; d = 2,2 a 2,8. Untuoso; adere à língua; às vezes friável. Silicato de níquel e magnésio.	014	Garnierita
Branco, cinza ou esverdeado; Br. sedoso; Cl. irregular. Translúcido. D = 2 a 5; d = 2,2. Hábito fibroso. Um tipo de amianto; variedade de serpentina. Monoclínico. Silicato de magnésio.	015	Crisotila

1.0.0.0 Minerais de brilho não metálico
1.1.0.0 Cores Claras
1.1.2.0 *Dureza Média (2,5 a 5,5)*
1.1.2.1 *Com Clivagem*

Descrição	N°	Mineral
Incolor, branco, várias tonalidades de cinza, amarelo, vermelho, azul etc.; Br. vítreo e subvítreo; Cl. excelente (romboédrica). Transparente a translúcido. Quando transparente, mostra intensa dupla refração. D = 3; d = 2,7. Efervesce com HCl a frio. Hexagonal-R. $CaCO_3$.	016	Calcita

Descrição	Nº	Mineral
Incolor, castanho-pálido, verde, amarelo e branco; Br. micáceo; Cl. excelente em uma direção; Tr. branco. Transparente nas lâminas delgadas finas. D = 2 a 2,5; d = 2,7 a 3. Mica de potássio. Monoclínico. Silicato de K e Al.	017	Moscovita (Mica branca)
Incolor, branco, amarelo, verde, lilás etc.; Br. vítreo; Cl. perfeita (octaédrica). Transparente a translúcido. D = 4; d = 3,2. Usualmente em cristais ou em massas cliváveis. Intensamente fluorescente. Cúbico. CaF_2.	018	Fluorita
Incolor ou branco, cinza e castanho quando impuro; Br. adamantino a vítreo; Cl. distinta até difícil; Fr. conchoidal. Transparente a translúcido. D = 3; d = 6,1 a 6,4. Maciço ou em pequenos cristais tabulares, quebradiços. Ortorrômbico. $PbSO_4$.	019	Anglesita (Espato de chumbo)
Incolor, branco, cinza, amarelado, azulado; Br. vítreo; Cl. distinta em uma direção. Transparente a translúcido. D = 3,5 a 4; d = 2 a 3. Efervesce com HCl a frio; cristais aciculares; pseudo-hexagonal. Ortorrômbico. $CaCO_3$.	020	Aragonita
Incolor, branco, branco-esverdeado, amarelado etc.; Br. vítreo, às vezes perláceo; Cl. difícil (001). Transparente a translúcido. D = 3 a 3,5; d = 4,3 a 4,7. Densidade alta. Maciço, granular ou tabular. Ortorrômbico. $BaSO_4$.	021	Barita (Baritina)
Incolor, branco, esverdeado, róseo etc.; Br. vítreo a nacarado, perláceo; Cl. perfeita (romboédrica). Transparente a translúcido. D = 3,5 a 4; d = 2,8 a 2,9. Pó do mineral efervesce em HCl a quente. Cristais romboédricos com faces curvadas. Hexagonal-R. $CaMg(CO_3)_2$.	022	Dolomita
Incolor, branco e verde-pálido; Br. vítreo; Cl. prismática distinta. Partição basal é comum. Transparente a translúcido. D = 5 a 6; d = 3,2 a 3,3. Cristais prismáticos. Monoclínico. $CaMg(Si_2O_6)$.	023	Diopsídio (Malacolita)
Branco, verde-claro, azul-claro, amarelo; Br. vítreo; Cl. prismática (110). Transparente a translúcido. D = 4,5 a 5; d = 3,4 a 3,5. Frequentemente em grupos de cristais radiados. Ortorrômbico. Silicato de Zn.	024	Hemimorfita (Calamina)
Incolor, branco, cinza, amarelo etc.; Br. vítreo; Cl. perfeita (romboédrica). Transparente a translúcido. D = 3,5 a 4; d = 2,9 a 3,2. Comumente em massas compactas densas. Efervesce com HCl a quente. Hexagonal-R. $MgCO_3$.	025	Magnesita

Descrição	Nº	Mineral
Róseo, vermelho-carne, castanho; Br. vítreo a nacarado; Cl. perfeita (romboédrica). Transparente a translúcido. D = 3,5 a 4,5; d = 3,6. Em massas cliváveis ou em cristais romboédricos, às vezes em crostas esféricas ou botrioidais. Hexagonal-R. $MnCO_3$.	026	Rodocrosita
Incolor, branco, branco-amarelado, cinza; Br. vítreo a resinoso; Cl. distinta (010). Translúcido. D = 3 a 3,5; d = 4,2 a 4,7. Frequentemente em agregados de cristais radiais ou em crostas de superfície mamelonar. Ortorrômbico. $BaCO_3$	027	Witherita
Branco, cinza ou amarelado; Br. vítreo; Cl. perfeita (110), formando um ângulo de 56°. Transparente a translúcido. D = 5 a 6; d = 3 a 3,3. Laminado, em agregados colunares, radiados e fibras sedosas. Um mineral do grupo dos anfibólios. Monoclínico. Silicato de Ca e Mg.	028	Tremolita

1.0.0.0 Minerais de brilho não metálico
1.1.0.0 Cores Claras
1.1.2.0 Dureza Média (2,5 a 5,5)
1.1.2.2 Sem Clivagem

Descrição	Nº	Mineral
Incolor, branco, branco-amarelado, cinza; Br. adamantino (vítreo e perláceo); Fr. conchoidal. Transparente a translúcido. D = 3 a 3,5; d = 6,5 a 6,6. Maciço, usualmente associado com galena. Ortorrômbico. $PbCO_3$.	029	Cerussita
Branco a verde, verde-maçã; Br. terroso, fosco e/ou céráceo; Fr. conchoidal. Translúcida a opaco. D = 2 a 3; d = 2,2 a 2,8. Untuoso, adere à língua; às vezes friável. Produto de alteração das serpentinas. Monoclínico. Silicato de Ni e Mg.	030	Garnierita
Incolor, branco, verde-claro, azul ou amarelo; Br. vítreo; Fr. irregular a subconchoidal. Transparente a translúcido. D = 4,5 a 5; d = 3,4 a 3,5. Tabular, mamelonar, fibroso etc. Ortorrômbico. Silicato de Zn.	031	Hemimorfita (Calamina)
Amarelo, castanho-amarelado; Br. vítreo a resinoso; Partição (001); Fr. conchoidal. Translúcido. D = 5 a 6; d = 4,9 a 5,3. Cristais achatados; granular. Monoclínico. $(Ge,La,Y,Th)PO_4$.	032	Monazita
Cor muito variável (incolor, branco, amarelo, cinza etc.); Br. vítreo (resinoso); Fr. conchoidal. Transparente a translúcido. D = 5 a 6; d = 1,9 a 2,2. Maciço, botrioidal e estalactítico. $SiO_2 \cdot nH_2O$.	033	Opala

5 Chave para o reconhecimento de minerais comuns

Descrição	Nº	Mineral
Branco, amarelo, cinza, verde etc.; Br. vítreo a adamantino; Fr. irregular. Translúcido, às vezes transparente. D = 4,5 a 5; d = 5,9 a 6,2. Bastante fluorescente. Frequentemente associado com quartzo. Normalmente em cristais euédricos. Tetragonal. Tungstato de cálcio - $CaWO_4$.	034	Scheelita (Xelita)
Branco, verde-amarelado, verde-oliva e verde-escuro; Br. sedoso ou graxo, fosco; Fr. conchoidal. Translúcido. D = 2,5 a 5; d = 2,2 a 2,8. Fibroso no asbesto (amianto) e na crisotila. Frequentemente mosqueado de verde nas variedades maciças. Monoclínico. Silicato de Mg e Fe.	035	Serpentina
Branco, cinza, amarelo etc.; Br. gorduroso; Fr. irregular. Friável. Translúcido. D = 1 a 3; d = 2 a 2,6. Mistura de óxidos e hidróxidos de Al.	036	Bauxita
Branco, cinza ou esverdeado; Br. sedoso; Fr. fibrosa. Translúcido. D = 2 a 5; d = 2,2. Hábito fibroso. Um tipo de amianto; variedade de serpentina. Monoclínico. Silicato de Mg.	037	Crisotila
Branco, cinza, amarelo; Br. vítreo a nacarado; Hábito pisolítico. Transparente a translúcido. D = 2,5 a 3,5; d = 2,3 a 2,4. Também tabular ou mamelonar. Monoclínico. $Al(OH)_3$.	038	Gibbsita

1.0.0.0 Minerais de brilho não metálico

1.1.0.0 Cores Claras

1.1.3.0 Dureza Alta (acima de 5,5)

1.1.3.1 Com Clivagem

Descrição	Nº	Mineral
Incolor, branco, cinza, creme, róseo de carne, vermelho, verde; Br. vítreo, perláceo e/ou nacarado; Cl. Perfeita em dois planos. Translúcido. D = 6; d = 2,5 a 2,6. Em massas cliváveis ou em grãos irregulares. Monoclínico e triclínico. Silicato de K e Al.	039	Feldspato (Feldspato alcalino)
Incolor, branco, cinza, azulado; Br. vítreo e perláceo; Cl. perfeita em dois planos oblíquos, quase perpendiculares. Translúcido a transparente. D = 6; d = 2,6 a 2,8. Em massas cliváveis ou em grãos irregulares. Planos de clivagem mostram estrias (geminação da albita). Triclínico. Silicato de Na e Ca.	040	Plagioclásio (Feldspato calcossódico)
Incolor, branco, amarelo, pálido, róseo de carne, cinza; Br. vítreo; Cl. perfeita em dois planos ortogonais. Translúcido. D = 6; d = 2,5 a 2,6. Não possui estriações na melhor superfície de clivagem. Monoclínico. Silicato de potássio e alumínio – $KAlSi_3O_8$.	041	Ortoclásio

Descrição	Nº	Mineral
Branco a amarelo-creme-pálido, verde; Br. vítreo, às vezes perláceo; Cl. perfeita em duas direções quase em ângulo reto. Translúcido. D = 6; d = 2,5 a 2,6. Cristais não geminados são raros. Variedade verde é a amazonita. Triclínico. $KAlSi_3O_8$.	042	Microclínio
Branco; Br. vítreo; Cl. perfeita em duas direções quase em ângulo reto. Transparente a translúcido. D = 6; d = 2,62. Cristais tabulares, frequentemente maclados. Estrias finas. Feldspato sódico. Triclínico. $NaAlSi_3O_8$.	043	Albita
Branco, cinza e avermelhado; Br. vítreo; Cl. perfeita em duas direções quase em ângulo reto. Transparente a translúcido. D = 6; d = 2,76. Estrias finas e cristais prismáticos. Feldspato cálcico. Triclínico. $CaAl_2Si_2O_8$.	044	Anortita
Incolor, branco ou amarelado, cinza, esverdeado, avermelhado. Br. Vítreo a gorduroso (graxo); Cl. prismática distinta. Transparente a translúcido. D = 5,5 a 6; d = 2,55 a 2,65. Prismas curtos; comumente maciço. Um mineral do grupo dos feldspatoides. Hexagonal. $(Na,K)AlSiO_4$.	045	Nefelina
Branco, cinza, verde-pálido, azul; Br. vítreo a gorduroso; Cl. perfeita em duas direções (001) e (100); Tr. incolor. Translúcido. D = 6; d = 3 a 3,1. Parecido com feldspato, sendo o teste para fosfato positivo. Triclínico. Fosfato de lítio. $LiAlFPO_4$.	046	Ambligonita
Branco, cinza, azul; Br. vítreo a perláceo; Cl. perfeita paralela ao comprimento; Tr.incolor (branco). Translúcido. D = 5 a 7; d = 3,5 a 3,7. Dureza longitudinal menor do que transversal. Triclínico. Silicato de Al.	047	Cianita (Distênio)
Incolor, branco, amarelado, azulado, preto etc.; Br. adamantino; Cl. perfeita em quatro direções. Transparente. D = 10; d = 3,1 a 3,5. Frequentemente em cristais octaédricos e com faces curvadas. Cúbico. C.	048	Diamante
Incolor, branco e verde-pálido; Br. vítreo; Cl. prismática; Partição basal é comum. Transparente a translúcido. D = 5 a 6; d = 3,2 a 3,3. Cristais prismáticos. Monoclínico. Silicato de cálcio e magnésio - $CaMg(Si_2O_6)$.	049	Diopsídio (Malacolita)
Incolor, branco, cinza, róseo, verde-claro; Br. vítreo; Cl. prismática perfeita. Transparente a translúcido. D = 6,5 a 7; d = 3,1 a 3,2. Cristais prismáticos estriados verticalmente. Variedades: rósea (kunzita); verde (hiddenita). Monoclínico. Silicato de lítio - $LiAlSi_2O_6$.	050	Espodumênio

5 Chave para o reconhecimento de minerais comuns

Descrição	Nº	Mineral
Róseo, vermelho-carne; Br. vítreo; Cl. perfeita (prismática). Transparente a translúcido. D = 5,5 a 6; d = 3,4 a 3,7. Frequentemente com exterior preto, em razão do óxido de manganês. Triclínico. MnSiO$_3$.	051	Rodonita
Branco, verde-pálido, castanho-acinzentado, castanho; Br. vítreo, às vezes sedoso; Cl. perfeita (010). Transparente a translúcido. D = 6 a 7; d = 3,2 a 3,3. Comumente em cristais aciculares longos e finos, frequentemente fibrosos. Ortorrômbico. Al$_2$SiO$_5$.	052	Sillimanita
Incolor, amarelo, róseo, azulado e esverdeado; Br. vítreo; Cl. basal perfeita (001), sensível à pressão. Transparente a translúcido. D = 8; d = 3,4 a 3,6. Prismático, granular. Ortorrômbico. Fluorsilicato de alumínio.	053	Topázio
Branco, verde, preto; Br. vítreo; Cl. distinta em duas direções quase ortogonais. Translúcido. D = 5 a 6; d = 3,1 a 3,5. Em prismas curtos de seção transversal retangular. Ortorrômbico. Essencialmente, silicatos de cálcio e magnésio.	054	Piroxênio
Branco, verde, róseo, preto; Br. vítreo; Cl. distinta em duas direções oblíquas. Translúcido. D = 5 a 6; d = 3 a 3,3. Em cristais alongados de seção transversal losangular. Monoclínico/ortorrômbico. Essencialmente, silicatos de cálcio e magnésio.	055	Anfibólio
Branco, cinza ou amarelado; Br. vítreo; Cl. perfeita (110), formando um ângulo de 56º. Transparente a translúcido. D = 5 a 6; d = 3 a 3,3. Laminado, em agregados colunares, radiados e fibras sedosas. Um mineral do grupo dos anfibólios. Monoclínico. Silicato de cálcio e magnésio.	056	Tremolita
Branco a verde-claro; Br. vítreo; Cl. perfeita (110), formando ângulo de 56º. Transparente a translúcido. D = 5 a 6; d = 3 a 3,3. Às vezes, superfície estilhaçada; frequente distribuição radial de suas fibras. Monoclínico. Silicato de cálcio, magnésio e ferro.	057	Actinolita

1.0.0.0 MINERAIS DE BRILHO NÃO METÁLICO
  1.1.0.0 Cores Claras
    1.1.3.0 *Dureza Alta (acima de 5,5)*
      1.1.3.2 *Sem Clivagem*

Descrição	Nº	Mineral
Incolor, branco ou colorido por várias impurezas; Br. vítreo, às vezes gorduroso (graxo); Fr. conchoidal. Transparente a translúcido. D = 7; d = 2,65. Estriado horizontalmente nas faces prismáticas, granular, maciço. Hexagonal-R. SiO$_2$.	058	Quartzo
Branco-leitoso; Br. gorduroso (graxo) a vítreo; Fr. irregular a conchoidal. Translúcido. D = 7; d = 2,65. Maciço. Hexagonal-R. SiO$_2$.	059	Quartzo-leitoso

Descrição	Nº	Mineral
Róseo ou vermelho-róseo; Br. vítreo; Fr. conchoidal. Translúcido. D = 7; d = 2,65. Usualmente maciço, às vezes em cristais. Hexagonal-R. SiO_2.	060	Quartzo--róseo
Cinza, cinza-amarelado e marrom; Br. vítreo; Fr. conchoidal. Translúcido. D = 7; d = 2,65. Frequentemente transparente. Quartzo-fumé. Hexagonal-R. SiO_2.	061	Quartzo--enfumaçado
Amarelo-claro, alaranjado; Br. vítreo; Fr. conchoidal. Transparente a translúcido. D = 7; d = 2,65. Hexagonal-R. SiO_2.	062	Quartzo--citrino
Incolor, branco, azul-esverdeado, verde, amarelo, róseo; Br. vítreo; Fr. conchoidal ou irregular. Transparente a translúcido. D = 7,5; d = 2,6 a 2,8. Cristais prismáticos. Variedades: esmeralda (verde), heliodoro (amarelo), água-marinha (azul-esverdeada ou azul) e morganita (rósea). Hexagonal. $Be_3Al_2(Si_6O_{18})$.	063	Berilo
Cor muito variável (incolor, branco, cinza, amarelo etc.); Br. vítreo (resinoso); Fr. conchoidal. Transparente a translúcido. D = 5 a 6; d = 1,9 a 2,2. Maciço, botrioidal, estalactítico. $SiO_2 nH_2O$.	064	Opala
Cor variável (branco, cinza, castanho, preto, vermelho e verde); Br. ceráceo; Fr. conchoidal. Translúcido. D = 6; d = 2,6. Mamelonar e outras formas imitativas. Variedade criptocristalina de quartzo, geralmente fibrosa. Hexagonal-R. SiO_2.	065	Calcedônia
Incolor, branco, amarelo-pálido, cinza etc.; Br. vítreo a adamantino; Fr. conchoidal. Translúcido. D = 6,5 a 7,5; d = 4 a 4,8. Cristais prismáticos e formas irregulares. Tetragonal. $ZrSiO_4$.	066	Zircão
Branco, cinza, incolor; Br. vítreo; Fr. conchoidal. Translúcido. D = 5,5 a 6; d = 2,45 a 2,5. Em trapezoedros semelhantes aos de granada, estriados. Pseudocúbico. $KAlSi_2O_6$.	067	Leucita
Incolor, amarelo, pardo, verde, róseo etc.; Br. vítreo; Fr. conchoidal a irregular. Transparente, translúcido, opaco. D = 7 a 7,5; d = 2,9 a 3,3. Cristais formam prismas de 3, 6 e 9 faces com estrias longitudinais. Variedades: acroíta (incolor); rubelita (rósea); esmeralda-brasileira (verde); peridoto--do-ceilão (amarelo-mel); indicolita (azul) e afrisita (preta). Hexagonal-R. Silicato complexo.	068	Turmalina

1.0.0.0 MINERAIS DE BRILHO NÃO METÁLICO
1.2.0.0 Cores Escuras
1.2.1.0 *Dureza Baixa (até 2,5)*
1.2.1.1 *Com Clivagem*

Descrição	Nº	Mineral
Verde-escuro a verde-preto; amarelo-esverdeado; Br. vítreo a nacarado; Cl. perfeita (micácea). Transparente a translúcido. D = 1,5 a 2,6; d = 2,6 a 3. Hábito micáceo; folhas flexíveis e não elásticas. Monoclínico. Silicato de Fe e Mg.	069	Clorita
Vermelho ou amarelo-laranja; Br. resinoso a adamantino; Cl. boa, basal (010). Translúcido a transparente. D = 1,5 a 2; d = 3,4 a 3,6. Terroso, séctil; associado com ouro-pigmento. Monoclínico. AsS.	070	Realgar
Amarelo-limão a laranja; Br. vítreo; Cl. perfeita (010). Translúcido. D = 1,5 a 2; d = 3,4 a 3,5. Séctil, flexível e não elástico. Associado com realgar. Monoclínico. As_2S_3.	071	Ouro-pigmento
Marrom-amarelado a vermelho-amarronzado; Br. vítreo a nacarado; Cl. perfeita (001). Transparente nas folhas delgadas. D = 2,5; d = 2,8 a 2,9. Lâminas flexíveis e elásticas. Monoclínico. Silicato de K, Mg e Al hidratado.	072	Flogopita

1.0.0.0 MINERAIS DE BRILHO NÃO METÁLICO
1.2.0.0 Cores Escuras
1.2.1.0 *Dureza Baixa (até 2,5)*
1.2.1.2 *Sem Clivagem*

Descrição	Nº	Mineral
Verde-escuro a verde-maçã; Br. terroso, fosco e ceráceo; Fr. plana, muito variável; Tr. branco a esverdeado. D = 2 a 3; d = 2,2 a 2,8. Untuoso, adere à língua. Compacto, botrioidal; às vezes friável. Silicato de Ni e Mg.	073	Garnierita
Verde; Br. sedoso; Cl. irregular. D = 2 a 5; d = 2,2. Hábito fibroso. Monoclínico. Silicato de Mg.	074	Crisotila

1.0.0.0 MINERAIS DE BRILHO NÃO METÁLICO
1.2.0.0 Cores Escuras
1.2.2.0 *Dureza Média (2,5 a 5,5)*
1.2.2.1 *Com Clivagem*

Descrição	Nº	Mineral
Castanho, verde-escuro; Br. micáceo (reluzente); Cl. Excelente em um plano (001). Translúcido. D = 2,5 a 3; d = 2,7 a 3,1. Lâminas finas são elásticas. Monoclínico. Silicato de K, Mg, Fe e Al.	075	Biotita

Descrição	Nº	Mineral
Amarelo-castanho; Br. resinoso; Cl. perfeita; Tr. branco a amarelo-claro. Transparente a translúcido. D = 3,5 a 3; d = 3,9 a 4,3. Usualmente granular clivável. Cúbico. ZnS.	076	Esfalerita (Blenda)
Castanho, verde, azul, róseo, branco; Br. vítreo a perláceo; Cl. perfeita (romboédrica) raramente visível. Translúcido. D = 5; d = 4,1 a 4,5. Raramente forma cristais. Hexagonal-R. $ZnCO_3$.	077	Smithsonita
Castanho-escuro a castanho-claro; Br. vítreo a nacarado; Cl. perfeita (romboédrica). Transparente a translúcido. D = 3,5 a 4; d = 3,7 a 3,9. Massas cliváveis e cristais. Aquecido, torna-se magnético. Hexagonal-R. $FeCO_3$.	078	Siderita
Castanho, cinza, verde e amarelo; Br. adamantino e resinoso; Cl. prismática (110), raramente aparece; Fr. conchoidal. Transparente a translúcido. D = 5 a 5,5; d = 3,4 a 3,6. Cristais em forma de cunha. Monoclínico. $CaTiSiO_5$.	079	Titanita (Esfênio)
Preto, verde, branco; Br. vítreo; Cl. prismática distinta em duas direções quase em ângulos retos. Translúcido. D = 5 a 6; d = 3,1 a 3,9. Em prismas curtos de seção transversal quadrada. Essencialmente silicatos de Ca e Mg.	080	Piroxênio
Preto, verde e branco; Br. vítreo; Cl. prismática distinta em duas direções em ângulos oblíquos. Translúcido. D = 5 a 6; d = 3 a 3,3. Em cristais alongados de seção transversal losangular. Ortorrômbico e monoclínico. Essencialmente silicatos de Ca e Mg.	081	Anfibólio
Verde-escuro a preto; Br. vítreo; Cl. prismática distinta; Partição basal boa, frequentemente observada. Translúcido nas bordas finas. D = 5 a 6; d = 3,2 a 3,4. Em prismas curtos e massas irregulares. Monoclínico. Piroxênio aluminífero.	082	Augita
Verde-escuro a preto; Br. vítreo (sedoso); Cl. perfeita (110) em ângulos oblíquos. Translúcido. D = 5 a 6; d = 3,2. Cristais prismáticos. Monoclínico. Anfibólio aluminífero.	083	Hornblenda

1.0.0.0 Minerais de brilho não metálico
1.2.0.0 Cores Escuras
1.2.2.0 *Dureza Média (2,5 a 5,5)*
1.2.2.2 *Sem Clivagem*

Descrição	Nº	Mineral
Verde, castanho, azul, vermelho; Br. vítreo; Cl. basal rara; Fr. conchoidal. Transparente a translúcido. D = 5; d = 3,1 a 3,2. Colófana é o nome dado à apatita maciça, criptocristalina das rochas fosfatadas e dos ossos fósseis. Hexagonal. Fosfato de Ca.	084	Apatita

5 Chave para o reconhecimento de minerais comuns

Descrição	Nº	Mineral
Castanho-avermelhado a preto; Br. fosco (terroso); Fr. subconchoidal a irregular; Tr. vermelho a vermelho-castanho. Opaco a translúcido. D = 5 a 6,5; d = 4,9 a 5,3. Aparência terrosa (ocre vermelho). Hexagonal-R. Fe_2O_3.	085	Hematita
Preto, marrom-aveludado; Br. píceo (do piche) e fosco; Fr. conchoidal a irregular; Tr. preto-castanho. Opaco. D = 5 a 6; d = 9 a 9,7. Aparência de piche a submetálico; cristais octaédricos; maciço e botrioidal. Radioativo. Cúbico. UO_2.	086	Uraninita (Pechblenda)
Azul; Br. vítreo a adamantino; Fr. conchoidal; Tr. azul-esmalte. Transparente a translúcido. D = 3,5 a 4; d = 3,7 a 3,8. Hábito fibroso. Efervesce com HCl. monoclínico. $Cu_3(CO_3)_2(OH)_2$.	087	Azurita
Castanho, castanho-avermelhado, castanho-amarelado; Br. vítreo e resinoso; Fr. conchoidal; Partição (001). Translúcido. D = 5 a 5,5; d = 4,9 a 5,3. Cristais achatados; granular. Monoclínico. $(Ge,La,Y,Th)PO_4$.	088	Monazita
Verde-esmeralda, frequentemente com faixas paralelas de diferentes tonalidades; Br. sedoso, adamantino e vítreo; Fr. conchoidal; Tr. verde-pálido. Translúcido. D = 3,5 a 4; d = 3,7 a 4,1. Hábito fibroso. Massas botrioidais ou estalactíticas. Monoclínico. $Cu_2(CO_3)(OH)_2$.	089	Malaquita
Cor muito variável (preto, castanho, vermelho, azul, cinza etc.); Br. vítreo (resinoso); Fr. conchoidal. Transparente a translúcido. D = 5 a 6; d = 1,9 a 2,2. Maciço, botrioidal e estalactítico. $SiO_2 nH_2O$.	090	Opala
Verde, castanho, amarelo e cinza; Br. resinoso; Fr. subconchoidal e irregular. Subtransparente a translúcido. D = 3,5 a 4; d = 6,5 a 7,1. Em pequenos cristais hexagonais, frequentemente curvados e curtos. Hexagonal. $Pb_5Cl(PO_4)_3$.	091	Piromorfita
Castanho, avermelhado, verde, cinzento etc.; Br. vítreo a adamantino; Fr. irregular. Translúcido. D = 4,5 a 5; d = 5,9 a 6,2. Bastante fluorescente; frequentemente associado com quartzo. Normalmente em cristais euédricos. Tetragonal. $CaWO_4$.	092	Scheelita (Xelita)
Verde-oliva, verde-escuro, verde-amarelado e branco; Br. Sedoso ou graxo; Fr. irregular. Translúcido. D = 2,5 a 5; d = 2,2 a 2,8. Hábito fibroso nos asbestos crisotila; maciço. Frequentemente mosqueado de verde nas variedades maciças. Monoclínico. $Mg_6Si_4O_{10}(OH)_{18}$.	093	Serpentina

1.0.0.0 Minerais de brilho não metálico
1.2.0.0 Cores Escuras
1.2.3.0 Dureza Alta (acima de 5,5)
1.2.3.1 Com Clivagem

Descrição	Nº	Mineral
Preto a castanho; Br. píceo (do piche) a resinoso; Cl. boa. Subtransparente a translúcido. D = 5,5 a 6; d = 3,5 a 4,2. Prismático, comumente maciço e em grãos embutidos. Radioativo. Monoclínico. Silicato de composição variável do grupo do epídoto.	094	Allanita (Ortita)

Descrição	Nº	Mineral
Verde-escuro a preto; Br. vítreo; Cl. em dois planos próximos de 90º; Partição basal é comum. Translúcido em bordas finas. D = 5 a 6; d = 3,2 a 3,4. Em prismas curtos e massas irregulares. Monoclínico. Piroxênio aluminífero.	095	Augita
Verde-escuro a preto; Br. vítreo (sedoso); Cl. perfeita (110) em ângulos de 56º e 124º. Translúcido. D = 5 a 6; d = 3,2. Cristais prismáticos. Monoclínico. Anfibólio aluminífero.	096	Hornblenda
Cinza a azul-esverdeado; Br. vítreo, perláceo e nacarado; Cl. perfeita em dois planos oblíquos, quase perpendiculares. Translúcido a transparente. D = 6; d = 2,6 a 2,8. Em massas cliváveis ou em grãos irregulares. Os planos de clivagem mostram estrias (geminação da albita). Triclínico. Silicato de Na e Ca.	097	Plagioclásio
Azul, azul-escuro e preto; Br. vítreo, perláceo; Cl. perfeita paralela ao comprimento; Tr. incolor (branco). Translúcido a transparente. D = 5 a 7; d = 3,5 a 3,7. Dureza longitudinal menor do que transversal. Triclínico. Al_2SiO_5.	098	Cianita (Distênio)
Verde de várias tonalidades, cinza e preto; Br. vítreo, às vezes gorduroso a adamantino; Cl. perfeita (001). Transparente a translúcido. D = 6 a 7; d = 3,3 a 3,5. Cristais prismáticos com estrias paralelas ao crescimento. Monoclínico. Silicato de Ca, Al e Fe.	099	Epídoto
Castanho, castanho-cinza, verde-pálido, branco; Br. vítreo; Cl. perfeita (001). Transparente a translúcido. D = 6 a 7; d = 3,2 a 3,3. Comumente em cristais aciculares longos e finos, frequentemente fibrosos. Ortorrômbico. Al_2SiO_5.	100	Sillimanita
Preto, verde e branco; Br. vítreo; Cl. distinta em duas direções quase em ângulos retos. Translúcido. D = 5 a 6; d = 3,1 a 3,5. Em prismas curtos de seção retangular. Ortorrômbico. Silicatos de Ca e Mg.	101	Piroxênio

5 Chave para o reconhecimento de minerais comuns

Descrição	Nº	Mineral
Preto, verde e branco; Br. vítreo; Cl. distinta em duas direções diferentes de 90°. Translúcido. D = 5 a 6; d = 3 a 3,3. Em cristais alongados de seção transversal losangular. Ortorrômbico/monoclínico. Silicatos de Ca e Mg.	102	Anfibólio
Verde, verde-claro a branco; Br. vítreo; Cl. perfeita (100), formando um ângulo de 56°. Transparente a translúcido. D = 5 a 6; d = 3 a 3,3. Às vezes, superfície estilhaçada; frequente distribuição radial de suas fibras. Um mineral do grupo dos anfibólios. Monoclínico. Silicato de Ca, Mg e Fe.	103	Actinolita
Castanho, cinza e verde; Br. vítreo; Cl. perfeita (110). Translúcido. D = 5,5 a 6; d = 2,85 a 3,2. Comumente lamelar ou fibroso. Um mineral do grupo dos anfibólios. Monoclínico. Silicato de Mg e Fe.	104	Antofilita
Azul ou violeta-azulado; Br. vítreo; Cl. dodecaédrica (011); Fr. conchoidal. Transparente a translúcido. D = 5,5 a 6; d = 2,15 a 2,3. Comumente maciço, em grãos disseminados. Isométrico. Silicato de Al, Na com Cl.	105	Sodalita
Castanho, róseo e vermelho da rosa; Br. vítreo; Cl. prismática em duas direções, formando ângulos de quase 90°. Transparente a translúcido. D = 5,5 a 6; d = 3,4 a 3,7. Frequentemente com exterior preto, produzido pelo óxido de manganês. Triclínico. $Mn(SiO_3)$.	106	Rodonita

1.0.0.0 Minerais de brilho não metálico
    1.2.0.0 Cores Escuras
        1.2.3.0 *Dureza Alta (acima de 5,5)*
            1.2.3.2 *Sem Clivagem*

Descrição	Nº	Mineral
Cinza, castanho, azul-acinzentado, vermelho; Br. vítreo a adamantino; Fr. irregular a conchoidal; Partição romboédrica é comum. Transparente a translúcido. D = 9; d = 3,9 a 4,1. Prismas hexagonais, estrias triangulares sobre faces basais. Variedades: safira (azul) e rubi (vermelho). Hexagonal. Al_2O_3.	107	Corindon
Vermelho a castanho, amarelo, verde e róseo; Br. vítreo, às vezes adamantino, gorduroso e resinoso; Fr. conchoidal. Transparente a translúcido. D = 6 a 7,5; d = 3,5 a 4,3. Quebradiço; usualmente em dodecaedros ou trapezoedros ou em combinações dos dois. Cúbico. Silicato complexo.	108	Granada

Descrição	Nº	Mineral
Verde a verde-acinzentado, às vezes amarelado, castanhos; Br. vítreo, gorduroso; Fr. conchoidal. Transparente a translúcido. D = 6 a 7; d = 3,2 a 4,4. Usualmente, grãos embutidos ou em massas granulares. Variedade: peridoto (transparente, verde-oliva). Ortorrômbico. $(Mg,Fe)_2SiO_4$.	109	Olivina
Cinza a preto, marrom; Br. vítreo; Fr. conchoidal. Transparente a translúcido. D = 7; d = 2,65. Frequentemente transparente. Cor decorrente de fenômenos radioativos ou de matéria orgânica. Hexagonal-R. SiO_2.	110	Quartzo-enfumaçado (Quartzo-fumé)
Violeta a roxo; Br. vítreo; Fr. conchoidal. Transparente a translúcido. D = 7; d = 2,65. Frequentemente em cristais prismáticos. Hexagonal-R. SiO_2.	111	Ametista
Vermelho a castanho; Br. fosco; Fr. fonchoidal. Translúcido. D = 7; d = 2,65. Variedade granular microcristalina de quartzo de cor vermelha. Hexagonal-R. $SiO2$.	112	Jaspe
Cor muito variável: castanho, vermelho, azul, cinza etc.; Br. vítreo (resinoso); Fr. conchoidal. Transparente a translúcido. D = 5 a 6; d = 1,9 a 2,2. Maciço, botrioidal, estalactítico. $SiO_2 n \cdot H_2O$.	113	Opala
Castanho-avermelhado, cinza-preto do aço; Br. fosco (terroso); Fr. subconchoidal a irregular; Tr. vermelho a vermelho-castanho. Translúcido a opaco. D = 5 a 6,5; d = 4,9 a 5,5. Aparência terrosa (ocre vermelho). Hexagonal-R. Fe_2O_3.	114	Hematita
Castanho-avermelhado a preto; Br. adamantino; Fr. irregular; Tr. cinza-claro, castanho-claro, branco. Translúcido, raramente transparente. D = 6 a 7; d = 6,8 a 7,1. Fibroso, com superfície reniforme, granular, maciça, às vezes seixos rolados. Tetragonal. SnO_2.	115	Cassiterita
Vermelho-acastanhado a preto; Br. resinoso a vítreo, (fosco a terroso); Fr. subconchoidal. Translúcido a opaco. D = 7 a 7,5; d = 3,4 a 3,8. Em cristais prismáticos, geminados em cruz são comuns. Ortorrômbico. Silicato de Fe e Al.	116	Estaurolita
Preto a castanho; Br. píceo (do piche) a resinoso; Fr. irregular; Tr. esverdeado (vermelho). Subtranslúcido a opaco. D = 5,5 a 6; d = 3,5 a 4,2. Prismático, comumente maciço e em grãos embutidos. Radioativo. Monoclínico. Epídoto com cério.	117	Allanita (Ortita)
Castanho, vermelho, cinza, verde, incolor etc.; Br. vítreo a adamantino; Fr. conchoidal. Translúcido, às vezes transparente. D = 6,5 a 7,5; d = 4 a 4,8. Cristais prismáticos e formas irregulares. Tetragonal. $ZrSiO_4$.	118	Zircão

Descrição	Nº	Mineral
Róseo, verde, pardo, amarelo etc.; Br. vítreo; Fr. conchoidal a irregular. Transparente a translúcido. D = 7 a 7,5; d = 2,9 a 3,3. Cristais formam prismas de 3, 6 e 9 faces com estrias longitudinais. Variedades: acroíta (incolor); rubelita (rósea); esmeralda-brasileira (verde); peridoto-do-ceilão (amarelo--mel); indicolita (azul); e afrisita (preta). Hexagonal-R. Silicato complexo.	119	Turmalina
Preto; Br. vítreo; Fr. conchoidal a irregular. Translúcido a opaco. D = 7 a 7,5; d = 2,9 a 3,3. Cristais formam prismas de 3, 6 e 9 faces com estrias longitudinais. Hexagonal-R. Turmalina rica em ferro.	120	Afrisita (Schorlita)
Azul ou violeta-azulado; Br. vítreo; Cl. dodecaédrica (011); Fr. conchoidal. Transparente a translúcido. D = 5,5 a 6; d = 2,15 a 2,3. Comumente maciço, em grãos disseminados. Isométrico. Silicato de Al, Na com Cl.	121	Sodalita
Vermelho da carne, castanho-avermelhado, verde da oliva; Br. vítreo; Fr. irregular. Transparente a translúcido, às vezes fortemente dicroico. D = 7,5; d = 3,1 a 3,2. Ortorrômbico. Silicato de Al.	122	Andaluzita

5.4 Grupo 2: minerais de brilho metálico
2.0.0.0 Minerais de brilho metálico
2.1.0.0 Traço Preto ou Cinzento
2.1.1.0 Dureza Baixa (até 2,5)
2.1.1.1 Com Clivagem

Descrição	Nº	Mineral
Cinza do aço a preto do ferro; Tr. preto; Cl. basal perfeita. Opaco. D = 1 a 2; d = 1,9 a 2,3. Untuoso ao tato; lâminas flexíveis não elásticas. Suja os dedos. Hexagonal. C.	123	Grafita
Preto, azulado, cinza-chumbo; Tr. preto a preto-esverdeado; Cl. basal perfeita. Opaco. D = 1 a 1,5; d = 4,6 a 4,8. Untuoso ao tato, lamelar, escamoso, séctil. Suja os dedos. Hexagonal. MoS_2.	124	Molibdenita
Cinza-chumbo a preto-azulado; Tr. cinza-escuro a preto; Cl. cúbica perfeita. Opaco. D = 2,5; d = 7,3 a 7,6. Em cristais cúbicos ou granulares maciços. Cúbico. PbS.	125	Galena
Cinza-chumbo a preto-azulado; Tr. cinza-prateado a cinza--preto; cl. Perfeita pinacoidal (010). Opaco. D = 2; d = 4,5 a 4,7. Laminado com estriações cruzadas, mole, facilmente fusível. Ortorrômbico. Sb_2S_3.	126	Estibnita

2.0.0.0 Minerais de brilho metálico
2.1.0.0 Traço Preto ou Cinzento
2.1.1.0 *Dureza Baixa (até 2,5)*
2.1.1.2 *Sem Clivagem*

Descrição	Nº	Mineral
Preto-cinzento; Tr. preto; Fr. irregular, estilhaçada ou em agregados fibrosos. D = 1 a 2,5; d = 4,7 a 4,9. Opaco. Usualmente em lascas ou em agregados radiais fibrosos. Suja os dedos. Fuliginoso. Tetragonal. MnO_2.	127	Pirolusita
Cinza-escuro; Tr. Preto (brilhante); Fr. conchoidal. Opaco. D = 2 a 2,5; d = 7,2 a 7,4. Maciço ou terroso. Séctil. Cúbico. Ag_2S.	128	Argentita

2.0.0.0 Minerais de brilho metálico
2.1.0.0 Traço Preto ou Cinzento
2.1.2.0 *Dureza Média (2,5 a 5,5)*
2.1.2.1 *Com Clivagem*

Descrição	Nº	Mineral
Cinza-chumbo a preto-azulado; Tr. cinza-escuro a preto; Cl. cúbica perfeita. Opaco. D = 2,5; d = 7,3 a 7,6. Em cristais cúbicos ou granulares maciços. Cúbico. PbS.	129	Galena

2.0.0.0 Minerais de brilho metálico
2.1.0.0 Traço Preto ou Cinzento
2.1.2.0 *Dureza Média (2,5 a 5,5)*
2.1.2.2 *Sem Clivagem*

Descrição	Nº	Mineral
Bronze-pardacento, amarelo-bronzeado, vermelho (iridescente); Tr. preto; Fr. subconchoidal a irregular. Opaco. D = 3 a 3,5; d = 4,9 a 5,4. Usualmente maciço; embaça-se, adquirindo cores purpúreas a azul. Cúbico. Cu_5FeS_4.	130	Bornita
Bronze-pardacento, amarelo, bronze a vermelho-cobre; Tr. preto a cinza-preto; Fr. desigual a subconchoidal. Opaco. D = 3,5 a 4,5; d = 4,5 a 4,7. Magnético em pequenos fragmentos; maciço, geralmente associado a calcopirita e pirita. Hexagonal. $Fe_{1-x}S$.	131	Pirrotita
Amarelo-latão; Tr. preto a preto-esverdeado; Fr. irregular. Opaco. D = 3,5 a 4; d = 4,1 a 4,3. Usualmente maciço; às vezes, iridescente, frágil, associado com outros minerais de cobre e pirita. Tetragonal. $CuFeS_2$.	132	Calcopirita

5 Chave para o reconhecimento de minerais comuns

Descrição	Nº	Mineral
Cinza-escuro a preto; Tr. preto-acastanhado e preto; Fr. irregular. Opaco. D = 5 a 6; d = 3,7 a 4,7. Maciço. Hábitos botrioidal e estalactítico. Ortorrômbico. Hidróxido de Mn.	133	Psilomelano
Preto a preto-castanho; Tr. castanho-escuro; Fr. irregular. Subtranslúcido a opaco. D = 5,5; d = 4,3 a 4,6. Hábito octaédrico. Cúbico. $FeCr_2O_4$.	134	Cromita
Cinza-escuro, cinza-chumbo brilhante; Tr. cinza escuro; Fr. conchoidal. Opaco. D = 2,5 a 3; d = 5,5 a 5,8. Séctil. Ortorrômbico. Cu_2S.	135	Calcocita

2.0.0.0 Minerais de brilho metálico
2.1.0.0 Traço Preto ou Cinzento
2.1.3.0 Dureza Alta (acima de 5,5)
2.1.3.1 Com Clivagem

Descrição	Nº	Mineral
Preto do ferro; Tr. Preto a castanho-escuro; Cl. Boa (010). Subtranslúcido a opaco. D = 6; d = 5,2 a 7,9. Preto reluzente em fraturas frescas que passam a azul-claro. Ortorrômbico. $(Fe,Mn)(Nb,Ta)_2O_6$.	136	Columbita/Tantalita
Branco prateado de tonalidade vermelha; Tr. Cinza-aço a preto; Cl. Perfeita (001). Opaco. D = 5,5; d = 6 a 6,4. Quebradiço, comumente em cubos. Cúbico. (Co,Fe)AsS.	137	Cobaltita
Cinza-aço; Tr. Preto; Cl. Perfeita (110). Opaco. D = 6 a 6,5; d = 4,8 a 5. Granular, maciço. Variedade cristalina da pirolusita. Tetragonal. MnO_2.	138	Polianita

2.0.0.0 Minerais de brilho metálico
2.1.0.0 Traço Preto ou Cinzento
2.1.3.0 Dureza Alta (acima de 5,5)
2.1.3.2 Sem Clivagem

Descrição	Nº	Mineral
Branco da prata a cinza-aço; Tr. preto a castanho-escuro; Fr. irregular. Opaco. D = 5,5 a 6; d = 5,9 a 6,2. Cristais pseudo-ortorrômbicos, maciços. Monoclínico. FeAsS.	139	Arsenopirita
Amarelo-claro ou amarelo-latão-pálido; Tr. preto ou preto-castanho; Fr. conchoidal a desigual. Opaco. D = 6 a 6,5; d = 4,95 a 5,10. Geralmente em cubos de faces estriadas; maciço, quebradiço. O mais comum dos sulfetos. Cúbico. FeS_2.	140	Pirita
Amarelo-pálido quase branco; Tr. preto a preto-acinzentado; Fr. desigual. Opaco. D = 6 a 6,5; d = 4,6 a 4,9. Hábito fibroso "crista de galo". Polimorfo da pirita. Ortorrômbico. FeS_2.	141	Marcassita

Descrição	Nº	Mineral
Preto do ferro; Tr. preto; partição octaédrica; Fr. subconchoidal a irregular. Opaco. D = 6; d = 5,2. Cristais de hábitos octaédricos. Usualmente maciço e granular. Fortemente magnático. Cúbico. Fe_3O_4.	142	Magnetita
Preto (aparência de piche); Tr. preto (acastanhado); Fr. conchoidal a irregular. Opaco. D = 5 a 6; d = 9 a 9,7. Cristais octaédricos; maciço e botrioidal. Cúbico. UO_2.	143	Uraninita (Pechblenda)
Preto, às vezes castanho; Tr. preto às vezes vermelho-castanho; Fr. conchoidal. Opaco. D = 5 a 6; d = 4,1 a 4,5. Maciço e granular; pode ser magnético. Hexagonal-R. $FeTiO_3$.	144	Ilmenita
Cinza-escuro a preto; Tr. preto a preto-acastanhado; Fr. irregular. Opaco. D = 5 a 6; d = 3,7 a 4,7. Maciço; hábitos botrioidal, reniforme e estalactítico. Ortorrômbico. Óxido de Mn e Ba.	145	Psilomelano

2.0.0.0 MINERAIS DE BRILHO METÁLICO

2.2.0.0 Traço Castanho, Castanho-claro ou Amarelo

2.2.2.0 *Dureza Média (2,5 a 5,5)*

2.2.2.1 *Com Clivagem*

Descrição	Nº	Mineral
Amarelo, castanho-escuro; Tr. castanho-claro a escuro; Cl. perfeita, prismática (010). Transparente a translúcido. D = 3,5 a 4; d = 3,9 a 4,3. Usualmente granular e clivável. Cúbico. ZnS.	146	Esfalerita (Blenda)
Castanho-amarelado a castanho-escuro; Tr. castanho-amarelado; Cl. perfeita. Subtranslúcido a opaco. D = 5 a 5,5; d = 3,3 a 4,4. Crescimento radial, mameliforme e estalactítico. Ortorrômbico. FeO(OH).	147	Goethita

2.0.0.0 MINERAIS DE BRILHO METÁLICO

2.2.0.0 Traço Castanho, Castanho-claro ou Amarelo

2.2.2.0 *Dureza Média (2,5 a 5,5)*

2.2.2.2 *Sem Clivagem*

Descrição	Nº	Mineral
Castanho-escuro a preto; Tr. castanho-amarelado; Fr. irregular. Subtranslúcido a opaco. D = 5 a 5,5; d = 3,6 a 4,5. Hábitos concrecional, nodular e terroso. Mistura de óxidos e hidróxidos de Fe.	148	Limonita
Amarelo do ouro a amarelo-pálido; Tr. brilhante; Fr. irregular. Opaco. D = 2,5 a 3; d = 15 a 19,3. Maleável, dúctil. Em grânulos, pepitas e folhas. Cúbico. Au.	149	Ouro

2.0.0.0 MINERAIS DE BRILHO METÁLICO
2.2.0.0 Traço Castanho, Castanho-claro ou Amarelo
2.2.3.0 Dureza Alta (acima de 5,5)
2.2.3.2 Sem Clivagem

Descrição	N°	Mineral
Vermelho a castanho-avermelhado a preto; Tr. castanho-pálido a amarelo; Fr. subconchoidal a irregular. Subtranslúcido, raramente transparente. D = 6 a 6,5; d = 4,2 a 4,3. Maciço, acicular; cristais geminados são frequentes. Tetragonal. TiO_2.	150	Rutilo
Castanho-avermelhado a preto, às vezes amarelado; Tr. castanho-claro a cinza-claro; Fr. irregular. Translúcido, raramente transparente. D = 6 a 7; d = 6,8 a 7,1. Granular, maciço, reniforme e, às vezes, fibroso. Tetragonal. SnO_2.	151	Cassiterita

2.0.0.0 MINERAIS DE BRILHO METÁLICO
2.3.0.0 Traço Vermelho ou Castanho-escuro
2.3.2.0 Dureza Média (2,5 a 5,5)
2.3.2.2 Sem Clivagem

Descrição	N°	Mineral
Vermelho de várias tonalidades; Tr. vermelho-acastanhado; Fr. conchoidal. Translúcido, às vezes transparente. D = 3,5 a 4; d = 5,7 a 6,1. Brilho forte. Cristais em forma de cubos e octaedros vermelhos. Maciço, granular e terroso. Cúbico. CuO_2.	152	Cuprita

2.0.0.0 MINERAIS DE BRILHO METÁLICO
2.3.0.0 Traço Vermelho ou Castanho-escuro
2.3.3.0 Dureza Alta (acima de 5,5)
2.3.3.2 Sem Clivagem

Descrição	N°	Mineral
Castanho-escuro, cinza do aço a preto; Tr. vermelho-acastanhado, vermelho-claro (vermelho-sangue); Fr. subconchoidal a irregular; Partição cúbica. Opaco a translúcido. D = 5,5 a 6,5; d = 4,9 a 5,3. Tabular, granular, micáceo. Torna-se magnético quando aquecido. Hexagonal-R. Fe_2O_3.	153	Hematita

5.5 Minerais constantes na chave

A
Acroíta 068/119
Actinolita 057/103
Afrisita 068/120
Água-marinha 063
Albita 043
Allanita 094/117
Amazonita 042
Ambligonita 046
Ametista 111
Amianto 015/035
Andaluzita 122
Anfibólio 055/081/102
Anglesita 019
Anortita 044
Antofilita 104
Apatita 084
Aragonita 020
Argentita 128
Arsenopirita 139
Asbesto 034/093
Augita 082/095
Autunita 006
Azurita 087

B
Barita 021
Baritina 021
Bauxita 011/036
Berilo 063
Biotita 075
Blenda 076/146
Bornita 130

C
Calamina 024/031
Calcedônia 065
Calcita 016
Calcocita 135
Calcopirita 132
Cassiterita 115/151
Caulim 009
Caulinita 009
Cerussita 029
Cianita 047/098

Clorita...........069
Cobaltita...........137
Colófana...........084
Columbita...........136
Corindon...........107
Crisotila...........015/037/074
Cromita...........134
Cuprita...........152

D
Diamante...........048
Diopsídio...........023/049
Distênio...........047/098
Dolomita...........022

E
Enxofre...........013
Epídoto...........099
Esfalerita...........076/146
Esfênio...........079
Esmeralda...........063
Esmeralda-brasileira...........068/119
Espato de chumbo...........019
Espodumênio...........050
Estaurolita...........116
Estibnita...........126

F
Feldspato alcalino...........039
Feldspato calcossódico...........040
Feldspato potássico...........039
Flogopita...........072
Fluorita...........018

G
Galena...........125/129
Garnierita...........014/030/073
Gibbsita...........012/038
Gipsita...........003
Gipso...........003
Goethita...........147
Grafita...........123
Granada...........108

H
Halita...........001

Heliodoro 063
Hematita 085/114/153
Hemimorfita 024/031
Hiddenita 050
Hornblenda 083/096

I
Ilmenita 144
Indicolita 068/119

J
Jaspe 112

K
Kunzita 050

L
Leucita 067
Limonita 148

M
Magnesita 025
Magnetita 142
Malacolita 023/049
Malaquita 089
Marcassita 141
Mica branca 017
Microclínio 042
Molibdenita 124
Monazita 032/088
Morganita 063
Moscovita 007/017

N
Nefelina 045

O
Ocre vermelho 085/114
Olivina 109
Opala ....
033/064/090/113
Ortita 094/117
Ortoclásio 041
Ouro 149
Ouro-pigmento 008/071

P
Pechblenda 086
Peridoto 109
Peridoto-do-ceilão 068/119
Pirita 140
Pirofilita 005
Piromorfita 091
Piroxênio 054/080/101
Pirolusita 127
Pirrotita 131
Plagioclásio 040/097
Polianita 138
Psilomelano 133/145

Q
Quartzo 058
Quartzo-citrino 062
Quartzo-enfumaçado 061/110
Quartzo-fumé 061/110
Quartzo-leitoso 059
Quartzo-róseo 060

R
Realgar 070
Rodocrosita 026
Rodonita 051/106
Rubelita 068/119
Rubi 107
Rutilo 150

S
Safira 107
Sal-gema 001
Scheelita 034/092
Schorlita (afrisita) 120
Serpentina 015/035/093
Siderita 078
Sillimanita 052/100
Silvita 002
Smithsonita 077
Sodalita 105/121

T
Talco 004/010
Tantalita 136

Titanita..079
Topázio..053
Tremolita..028/056
Turmalina..068/119
Turmalina preta..120

U
Uranita..006
Uraninita..086/143

W
Witherita..027

X
Xelita (scheelita)....................................034/092

Z
Zircão..066/118

Glossário

Amorfo - Estado da matéria em que seus elementos constituintes se acham dispostos sem ordem.

Ânion - Um átomo ou grupo de átomos carregados negativamente.

Biaxial - Diz-se de cristal no qual existem duas direções ao longo das quais a velocidade da luz monocromática é constante, vista das direções de vibração das ondas perpendiculares à normal à onda. Cristais dos sistemas cristalinos ortorrômbico, monoclínico e triclínico são biaxiais.

Cátion - Um átomo ou grupo de átomos carregados positivamente.

Cela unitária - Menor unidade da rede cristalina. O número de átomos em uma cela unitária é geralmente um número inteiro pequeno, ou um múltiplo do número mostrado pela fórmula química mais simples.

Charnoquito ou charnockito - Nome dado a uma rocha granoblástica contendo antipertita, plagioclásio sódico, hiperstênio, diopsídio, granada e minerais-minérios; variedade de granulito, caracterizado por piroxênios.

Clivagem - A tendência de um mineral de quebrar-se ao longo de superfícies planas que são paralelas a planos internos de átomos.

Composto - Uma combinação de elementos que se caracteriza por ter seus elementos sempre presentes nas mesmas proporções.

Cristal - Nome dado à forma externa, geometricamente definida e geralmente poliédrica, da substância cristalizada.

Cristalino - Estado da matéria sólida caracterizado por uma estrutura interna regular e periódica, expressa pela homogeneidade.

Crosta terrestre - A parte mais externa da Terra, acima da descontinuidade de Mohorovičić, e que consiste da crosta oceânica máfica e da crosta continental félsica.

Diastrofismo - Designação geral dos processos pelos quais a crosta da Terra é deformada por dobramentos e falhamentos.

Difração (de raios X) - Desvio de um feixe de raios X por átomos regularmente espaçados.

Difratograma - Gráfico obtido por meio do difratômetro a raios X.

Dimétrico - Denominação dada aos sistemas cristalinos com dois eixos cristalográficos iguais e um diferente; no caso, os sistemas tetragonal e hexagonal.

Eixo cristalográfico - Linhas imaginárias que passam pelo centro do cristal ideal como eixos de referência usados para descrever os cristais.

Elemento (químico) - A forma mais simples de matéria que pode existir sob as condições encontradas num laboratório químico.

ELÉTRON - Um constituinte fundamental da matéria; uma partícula elementar com uma única carga negativa e uma massa de aproximadamente 10^{-27} g; achada em órbita circum-nuclear em átomos.

EVAPORITO - Uma rocha sedimentar química (não clástica) ou um mineral precipitado de soluções aquosas como resultado de evaporação.

FÉLSICO - Um adjetivo para descrever rochas ígneas ricas em sílica (SiO_2) nas quais predominam minerais claros, principalmente feldspato e quartzo.

FENOCRISTAL - Grão mineral numa rocha ígnea porfirítica que é de tamanho visivelmente maior que os minerais que o circundam.

FILEIRA - A reta que passa por dois nós. O mesmo que fila.

GEMINADO (cristal) - Diz-se de cristais intercrescidos de modo que certas direções dos retículos são paralelas e outras estão em posição reversa. O mesmo que macla ou cristal maclado.

GEOLOGIA - Ciência que trata da origem, estrutura e história da Terra e de sua vida passada vegetal e animal.

GEOQUÍMICA - Estudo da distribuição e quantidade de elementos químicos nos componentes das rochas, minerais, água e atmosfera; avaliação da abundância e distribuição dos elementos químicos na Terra e, em particular, na sua crosta.

GRANÍTICO - Um termo geral para designar rocha ígnea intermediária a félsica de granulação grosseira, contendo predominantemente quartzo e feldspato. O termo abriga um número maior de tipos de rocha do que o granito.

HÁBITO (de cristal) - A forma característica e comum – ou a combinação de formas – em que o mineral se cristaliza, inclusive suas irregularidades de crescimento.

HEXAEDRO - Uma forma de cristal composta de seis faces quadradas que fazem entre si ângulos de 90°. O mesmo que cubo.

HEXAOCTAEDRO - Uma forma de cristal composta de 48 faces triangulares, cada uma cortando, de maneira diferente, os três eixos cristalográficos.

HEXATETRAEDRO - Uma forma de cristal composta de 24 faces que correspondem à metade das faces do hexaoctaedro, tomadas em grupos de seis acima e seis abaixo.

ÍON - Um átomo ou grupo de átomos carregados eletricamente, formado pelo ganho ou pela perda de um ou mais elétrons.

ISOMORFISMO - Termo usado para descrever cristais com a mesma forma externa. Veja *solução sólida*.

ISÓTOPO - Qualquer de duas ou mais formas de um elemento químico com o mesmo número de prótons, porém um número diferente de nêutrons.

ISOTROPIA - Característica apresentada por uma substância para uma dada propriedade cujo valor assumido não depende da direção de determinação.

JOLLY (balança de) - Balança que consiste em um tubo (haste) vertical que sustenta uma mola espiral, na qual estão suspensas duas pequenas cestas metálicas, uma em cima da outra, e que é usada para determinar a densidade relativa de um mineral.

LITOSFERA - Porção da crosta e do manto superior da Terra acima da astenosfera e que compreende o material rígido das placas (tectônicas).

MÁFICO - Termo aplicado a rochas ígneas pobres em sílica e ricas em silicatos de ferro e magnésio.

MALHA - Paralelogramo elementar definido num plano reticular pelas menores distâncias que separam os nós desse plano.

MEIO FÍSICO - Ambiente caracterizado pelos diversos elementos físicos (formas de relevo, rochas, solos, rios, climas) e bióticos (vegetação, fauna). O mesmo que meio natural.

METAMÍTICO - Estado amorfo das substâncias que perderam sua estrutura cristalina original, por causa da radioatividade natural.

MINERAL - Um elemento ou composto químico de ocorrência natural produzido por processos inorgânicos.

MINERALOIDE - Substância amorfa de ocorrência natural.

MINÉRIO - Um mineral ou associação de minerais que podem, sob condições favoráveis, ser extraídos economicamente para produção de um ou mais metais.

MONOMÉTRICO - Denominação dada aos sistemas cristalinos com três eixos cristalográficos iguais; no caso, o sistema cúbico ou isométrico.

NÊUTRON - Uma partícula elementar que não tem carga elétrica e com uma massa aproximadamente igual à do próton.

Nó - Uma distribuição triperiódica de pontos que se supõe reduzir-se a moléculas poliédricas com propriedades de simetria.

Número atômico - O número de prótons num núcleo atômico; cada elemento químico é caracterizado por seu número atômico único.

Número de massa - O número de prótons mais o número de nêutrons no núcleo de um átomo.

Octaedro - Uma forma composta de oito faces triangulares, equiláteras, cada uma cortando todos os três eixos cristalográficos igualmente.

Opaco - Diz-se de um mineral que a luz não atravessa, mesmo em suas bordas delgadas.

Parâmetro - A distância constante entre os nós de uma fila ou fileira.

Peso atômico - É o mesmo que massa atômica. Ele é essencialmente igual ao número de nêutrons mais o número de prótons no núcleo atômico.

Plano de simetria - Plano imaginário que divide um cristal em duas metades, cada uma das quais, sob a forma de um cristal perfeitamente desenvolvido, é a imagem num espelho da outra.

Plano reticular - Plano determinado por três nós e, portanto, por uma infinidade de nós na rede cristalina.

Poliedro - Sólido revestido de polígonos planares.

Polimorfismo - Termo usado para designar uma mesma substância que existe sob duas ou mais formas fisicamente distintas. O mesmo que alotropia.

Próton - Uma partícula elementar que é um constituinte fundamental de todos os núcleos atômicos; cada próton possui uma carga positiva igual à carga negativa num elétron.

Pseudomorfo (mineral) - Um corpo cuja forma externa corresponde à do cristal original, mas constituído por material neoformado.

Quebradiço - Um mineral que se rompe com facilidade e/ou pulveriza-se.

Recristalização - Processo que conduz ao desenvolvimento de minerais maiores quando, em consequência de modificações de temperatura e pressão ou de ambiente químico, há quebra do equilíbrio químico na assembleia mineralógica preexistente.

Recurso mineral - Toda substância natural inanimada que pode ser utilizada pelo homem, quer seja orgânica ou inorgânica.

Recurso natural - Suprimento de alimentos, materiais de construção e vestimenta, minerais, água e energia obtidos da Terra, necessários à manutenção da vida e da civilização.

Retículo (espacial ou cristalino) - Disposição tridimensional de pontos equivalentes (nós), esfericamente simétricos e não dimensionados.

Rocha - Agregado de um ou mais minerais; o material que forma a parte essencial da crosta terrestre.

Rocha ígnea extrusiva - Uma rocha ígnea que foi cristalizada depois da erupção do magma sobre a superfície da Terra.

Rocha ígnea intrusiva - Uma rocha ígnea que se origina pela solidificação do magma que penetra nas rochas mais antigas da crosta e não alcança a superfície.

Sistema cristalino - Cada um dos grupos maiores das classes de cristais reunidos por suas características de simetrias comuns com outras. Cada sistema cristalino possui relações paramétricas (dadas pelos comprimentos dos eixos) e angulares (dadas pelos ângulos entre os eixos) que definem suas simetrias possíveis.

Solução - Uma mistura homogênea que possui propriedades uniformes em seu todo.

Solução sólida - Denominação usada nos casos de substituição iônica completa dentro da estrutura de um grupo isoestrutural.

Sublimação - Conversão direta de um sólido em gás, sem fusão; passagem do estado sólido diretamente para o gasoso, sem passar pelo estado líquido.

Tetraedro - Forma composta de quatro faces, cada uma com a configuração de um triângulo equilátero.

Trimétrico - Denominação dada aos sistemas cristalinos com três eixos cristalográficos de tamanhos diferentes; no caso, os sistemas ortorrômbico, monoclínico e triclínico.

Uniaxial - Diz-se de cristal no qual todas as ondas de luz de um comprimento de onda particular caminham com a mesma velocidade numa direção que é paralela ao eixo cristalográfico c. Esse tipo de direção particular ocorre nos cristais dos sistemas cristalinos tetragonal e hexagonal.

Van der Waals (ligação de) - Um tipo de ligação química fraca que une moléculas neutras e unidades de estrutura essencialmente desprovidas de carga, em um retículo, em virtude das pequenas cargas residuais existentes em suas superfícies.

Xenólito - Uma massa de rocha mais ou menos angulosa, incluída dentro de outra. O mesmo que encrave.

Zirconita - Silicato de zircônio.

Índice remissivo

A

acroíta 23, 98, 105
actinolita 97, 103, 110
afrisita 23, 98, 105, 110, 113
água-marinha 23, 98
albita 20, 21, 95, 102
allanita 102, 104, 110
amazonita 96
ambligonita 77, 96, 110
ametista 23, 48, 64, 104, 110
amianto (asbesto) 47, 50, 54, 65, 79, 92, 95, 101, 110
andaluzita 36, 48, 49, 105, 110
andradita 49, 59
anfibólio(s) 40, 41, 42, 47, 49, 50, 51, 54, 56, 59, 60, 64, 65, 66, 79, 94, 97, 103
anglesita 35, 73, 93, 110
anidrita 35, 50
anortita 20, 36, 48, 50, 57, 63, 96, 110
antigorita 50, 65
antimônio 34, 67
antofilita 40, 41, 49, 50, 51, 103, 110
apatita 25, 27, 35, 51, 83, 100, 110
aragonita 10, 19, 29, 35, 51, 93, 110
argentita 34, 106, 110
argilominerais 80
arsenopirita 34, 107, 110
asbesto (amianto) 47, 50, 54, 65, 79, 92, 95, 101, 110
augita 36, 40, 51, 63, 100, 102, 110
autunita 76, 91, 110
azurita 23, 35, 73, 101, 110

B

barita 35, 77, 93, 110
baritina 93, 110
bauxita ou bauxito 34, 69, 92, 95, 110
berilo 23, 36, 38, 39, 40, 54, 67, 77, 98, 110
bertrandita 77
biotita 36, 41, 52, 56, 61, 84, 99, 110
blenda 100, 108, 110
bornita 31, 34, 73, 106, 110

C

calamina 76, 93, 94, 110
calcedônia 36, 52, 64, 98, 110
calcita 10, 19, 21, 25, 27, 29, 35, 47, 52, 55, 80, 92, 110
calcocita 73, 107, 110
calcopirita 23, 31, 34, 73, 74, 106, 110
cancrinita 53, 62
carnalita 35
cassiterita 34, 72, 74, 104, 109, 110
caulim 80, 92, 110
caulinita 28, 36, 53, 80, 92, 110
celestita 35
cerussita 29, 35, 73, 94, 110
cianita (distênio) 36, 53, 81, 96, 102, 110, 111

clinozoisita 53, 56
clorita 36, 53, 54, 56, 80, 99, 111
cobre 11, 23, 31, 34, 67, 69, 71, 73, 74, 106
colófana 100, 111
columbita 77, 78, 107, 111
condrodita 36
cordierita 54
corindon 25, 28, 34, 54, 55, 103, 111
crisoberilo 34
crisotila 54, 65, 79, 92, 95, 99, 101, 111
cristal de rocha 23, 55, 64
cromita 34, 70, 107, 111
cuprita 34, 73, 109, 111

D

diamante 11, 22, 25, 72, 81, 82, 96, 111
diopsídio 36, 40, 55, 63, 93, 96, 111, 115
distênio (cianita) 36, 53, 81, 96, 102, 110
dolomita 35, 55, 71, 80, 93, 111

E

egirina 55, 63
enstatita 36, 40, 56, 63
enxofre 13, 14, 20, 34, 67, 81, 82, 92, 111
epídoto 36, 38, 39, 48, 53, 56, 102, 104, 111
escapolita 36
esfalerita 34, 76, 100, 108, 111
esfênio 100, 111
esmeralda 23, 62, 66, 98, 101, 105, 111
esmeralda-brasileira 23, 98, 105, 111
espato de chumbo 93, 111
espessartita 56, 59

espinélio 34
espodumênio 36, 77, 96, 111
estaurolita 21, 36, 56, 104, 111
eucriptita 77

F

faialita 38, 57, 58, 62
feldspato 25, 27, 43, 44, 45, 54, 56, 57, 58, 61, 62, 63, 65, 67, 80, 83, 84, 95, 96, 111, 117
feldspato alcalino 45, 95, 111
feldspato calcossódico 48, 50, 57, 63, 95, 111
feldspatoide 53, 60, 62, 66
feldspato potássico 27, 45, 57, 58, 61, 62, 80, 111
flogopita 36, 58, 61, 84, 99, 111
fluorita 21, 23, 25, 27, 35, 83, 93, 111
forsterita 38, 57, 58, 62

G

galena 23, 27, 34, 73, 94, 105, 106, 111
garnierita 36, 78, 92, 94, 99, 111
gibbsita 68, 92, 95, 111
gipsita 83, 91, 111
gipso (gipsita) 25, 35, 58, 83, 91, 111
glaucofânio (glaucófana) 50, 59
goethita 20, 34, 70, 108, 111
grafita 11, 34, 74, 84, 105, 111
granada 36, 38, 48, 49, 56, 59, 60, 63, 66, 98, 103, 111, 115
grossulária 59

H

halita (sal-gema) 18, 19, 35, 59, 84, 85, 91, 111
heliodoro 23, 98, 112
hematita 34, 70, 101, 104, 109, 112

hemimorfita 36, 93, 94, 112
hiddenita 96, 112
hiperstênio 36, 40, 59, 60, 63, 115
hornblenda 36, 41, 47, 60, 100, 102, 112

I

ilmenita 34, 70, 72, 108, 112
indicolita 23, 98, 105, 112

J

jaspe 104, 112

L

lepidolita 36, 60, 61, 77, 84
leucita 20, 21, 36, 57, 60, 84, 98, 112
limonita 20, 34, 70, 71, 108, 112

M

magnesita 35, 61, 71, 72, 80, 93, 112
magnetita 23, 28, 31, 34, 70, 72, 108, 112
malacolita 93, 96, 112
malaquita 23, 35, 73, 101, 112
manganita 72
marcassita 107, 112
mica branca 61, 84
mica(s) 22, 38, 52, 54, 58, 60, 61, 65, 84, 91, 93, 112
microclínio 36, 58, 61, 96, 112
molibdenita 34, 74, 105, 112
monazita 35, 94, 101, 112
morganita 23, 98, 112
moscovita 27, 36, 41, 61, 65, 67, 84, 91, 93, 112

N

nefelina 27, 36, 53, 57, 61, 62, 96, 112

O

ocre vermelho 101, 104, 112
olivina 36, 38, 39, 57, 58, 62, 63, 65, 66, 104, 112
opala 36, 94, 98, 101, 104, 112
ortita (allanita) 36, 39, 48, 56, 102, 104, 110, 112
ortoclásio 21, 25, 27, 36, 41, 57, 58, 61, 62, 95, 112
ouro 11, 34, 67, 69, 71, 72, 73, 74, 75, 86, 91, 99, 108, 112
ouro-pigmento 99, 112

P

pechblenda 76, 101, 108, 113
pentlandita 78
peridoto 62, 63, 98, 104, 105, 113
peridoto-do-ceilão 98, 105, 113
petalita 77
pirita 20, 34, 70, 71, 75, 106, 107, 113
pirocloro 73, 78
pirofilita 36, 86, 91, 113
pirolusita 34, 72, 106, 107, 113
piromorfita 35, 101, 113
piropo 59, 63
piroxênio(s) 28, 36, 38, 40, 41, 42, 51, 54, 55, 56, 59, 60, 63, 65, 66, 97, 100, 102, 113, 115
pirrotita 31, 34, 106, 113
plagioclásio 36, 45, 57, 80, 95, 102, 113, 115
polianita 72, 107, 113
prata 34, 66, 67, 69, 73, 74, 75, 107
psilomelano 34, 72

Q

quartzo 11, 12, 23, 25, 36, 38, 41, 43, 44, 45, 47, 48, 52, 55, 62, 64, 65, 67, 74, 75, 76, 80, 85, 95, 97, 98, 101, 104, 113, 117

quartzo-citrino 98, 113
quartzo-enfumaçado 98, 104, 113
quartzo-fumé 98, 104, 113
quartzo hialino 64
quartzo-leitoso 64, 97, 113
quartzo-róseo 64, 98, 113

R

realgar 91, 99, 113
riebeckita 50, 64
rodocrosita 35, 72, 94, 113
rodonita 36, 72, 97, 103, 113
rubelita 23, 98, 105, 113
rubi 54, 103, 113
rutilo 34, 72, 109, 113

S

safira 54, 103, 113
sal-gema (halita) 18, 19, 35, 59, 84, 85, 91, 111, 113
scheelita (xelita) 36, 74, 75, 76, 95, 101, 113, 114
schorlita (afrisita) 23, 98, 105, 113
sericita 61, 65
serpentina 36, 50, 54, 65, 92, 95, 101, 113
siderita 35, 65, 70, 80, 100, 113
sílex 64, 65
sillimanita 36, 65, 97, 102, 113
silvita 84, 91, 113
smithsonita 35, 76, 100, 113
sodalita 36, 57, 66, 103, 105, 113

T

talco 25, 36, 41, 66, 86, 91, 92, 113
tantalita 34, 67, 77, 78, 107, 113
titanita 36, 100, 114
topázio 25, 36, 97, 114
torbernita 76
tremolita 36, 40, 49, 66, 94, 97, 114
turmalina 23, 36, 39, 98, 105, 114
turmalina preta (afrisita) 23, 98, 105, 110, 113, 114

U

uraninita 34, 76, 101, 108, 114
uranita 91, 114
uvarovita 59, 66

V

vermiculita 84, 86
vesuvianita 36
volframita 75
volframita (wolframita) 75, 76

W

witherita 29, 35, 94, 114
wollastonita 36

X

xelita (scheelita) 36, 74, 75, 76, 95, 101, 113, 114

Z

zeólita 36
zincita 34
zircão (zirconita) 21, 36, 79, 98, 104, 114, 123

Bibliografia

ABREU, S. F. *Recursos minerais do Brasil.* São Paulo: Edgard Blücher, 1973.

BETEKHTIN, A. G. *A course of mineralogy.* Moscow: Peace Publishers, 1966.

BORGES, F. S. *Elementos de cristalografia.* Lisboa: Fundação Calouste Gulbenkian, 1982.

BRANCO, P. M. *Dicionário de mineralogia.* 2. ed. Porto Alegre: Ed. Universidade do Rio Grande do Sul, 1982.

BRANSON, E. B. et al. *Introduction to geology.* 3. ed. New York: McGraw-Hill Book, 1952.

CASSEDANNE, J. P.; MENEZES, S. O. "Pseudoleucite" pseudomorphs from Rio das Ostras, Brazil. *The Mineralogical Record,* v. 20, p. 439-440, 1989.

DANA, J. D. *Dana's manual of mineralogy.* 17. ed. New York: Willey, 1959.

ERNST, W. G. *Minerais e rochas.* Tradução de E. Ribeiro Filho. São Paulo: Edgard Blücher: Edusp, 1969.

KUZIN, M.; EGOROV, N. *Field manual of minerals.* Moscow: Mir, 1976.

LEINZ, V.; CAMPOS, J. E. S. *Guia para determinação de minerais.* 7. ed. São Paulo: Ed. Nacional, 1977.

MASON, B. *Principles of geochemistry.* 2. ed. New York: Willey, 1958.

MENEZES, S. O. *Introdução à geologia.* Itaguaí: Imprensa Universitária da UFRRJ, 1983. Texto auxiliar.

MENEZES, S. O. Principais pegmatitos do Estado do Rio de Janeiro. In: BRASIL. Departamento Nacional de Produção Mineral. *Principais depósitos minerais do Brasil.* Brasília: DNPM: CPRM, 1997. v. 4, cap. 38, p. 405-414.

MENEZES, S. O.; KLEIN, V. C. Ocorrências de barita em áreas adjacentes e maciços de rochas alcalinas no Estado do Rio de Janeiro. *Mineração e Metalurgia,* Rio de Janeiro, n. 345, ano XXXVII, 1973.

MINERAIS ao alcance de todos. São Paulo: BEI Comunicação, 2004. (Coleção Entenda e Aprenda).

PHILLIPS, F. C. *An introduction to crystallography.* 3. ed. London: Longmans, 1963.

SAWKINS, F. J. et al. *The evolving earth:* a text in physical geology. New York: Macmillan, 1974.

SCHUMANN, W. *Rochas e minerais.* 3. ed. Rio de Janeiro: Ao Livro Técnico, 1994.

SCLIAR, C. *Mineração, base material da aventura humana.* Belo Horizonte: Ed. Legado, 2004.

SKINNER, B. J. *Recursos minerais da Terra.* São Paulo: Edgard Blücher: Edusp, 1969.

SUSZCZYNSKI, E. F. *Os recursos minerais reais e potenciais do Brasil e sua metalogenia.* Rio de Janeiro: Interciência, 1975.